与最聪明的人共同进化

湛庐 CHEERS

HERE COMES EVERYBODY

科学大师书系

宇宙的起源

The Origin of the Universe

[英]约翰·巴罗
John Barrow 著

黄静 译

天津出版传媒集团

天津科学技术出版社

上架指导：科普 / 宇宙学

The origin of the universe / John D. Barrow
Copyright © 1994 by John D. Barrow
Published by BasicBooks，
A Member of the Perseus Books Group
All rights reserved.

天津市版权登记号：图字 02-2020-62 号

图书在版编目（CIP）数据

宇宙的起源 /（英）约翰·巴罗著；黄静译 . -- 天津：天津科学技术出版社，2020.6
书名原文：The Origin of the Universe
ISBN 978-7-5576-7864-7

Ⅰ . ①宇… Ⅱ . ①约… ②黄… Ⅲ . ①宇宙－起源
Ⅳ . ① P159.3

中国版本图书馆 CIP 数据核字（2020）第 080984 号

宇宙的起源
YUZHOU DE QIYUAN
责任编辑：刘　鸫
责任印制：兰　毅

出　　版： 天津出版传媒集团
天津科学技术出版社

地　　址：天津市西康路 35 号
邮　　编：300051
电　　话：（022）23332377（编辑部）23332393（发行科）
网　　址：www.tjkjcbs.com.cn
发　　行：新华书店经销
印　　刷：石家庄继文印刷有限公司

开本 880×1230　1/32　印张 6.125　字数 106 000
2020年6月第1版第1次印刷
定价：69.90元

献给丹尼斯和比尔，

你们是宇宙学家，是绅士，是导师，

你们理应获得更多更美好的献词！

所见者美也，

所明者甚美也，

世间所未名者，

美之大成也。

———

尼尔斯·斯廷森

（Niels Steensen，1638—1686）

宇宙的起源

人类正生活在宇宙的黄金时期，距离宇宙中发生的那些激动人心的事件已经过去很久了。在繁星满天的日子里遥望天空，你会看到数以万计的星星组成一条被我们称作"银河"的玉带，横跨黑暗的天空。这是古人对宇宙的全部了解。渐渐地，随着人们发明出倍率越来越大和分辨率越来越高的望远镜，一个难以想象的浩瀚宇宙开始进入我们的视野。大量的恒星聚集在我们称为星系的光岛之中，周围围绕着的是寂静的微波海洋——这是约 150 亿年前宇宙大爆炸的回声。时间、空间和物质似乎起源于一次爆炸性事件，在那之后，宇宙以一种整体膨胀的状态出现，同时也在逐渐冷却，不断变得稀薄。

最开始，宇宙是一个充满辐射的"炼狱"。它的温度太高了，导致任何原子都无法在其中生存。在发生大爆炸后的最初几分钟里，宇宙的温度便冷却到足已形成最轻的元素的原子核。在仅仅几百万年之后，宇宙就已冷却到足以形成原子，简单的分子也随之出现。经过数十亿年的复杂发展，物质凝聚形成恒星和星系。而后，随着稳定的行星环境的出现，一系列复杂的生物化学复合体以我们不甚了解的过程被孕育出来。这一系列复杂的过程是如何以及为何开始的呢？关于宇宙的起源，现代宇宙学家必须解答哪些问题？

从现代科学的角度来看，古代的各种创世故事都算不上科学理论，因为它们并未试图揭示任何关于宇宙结构的新认知，它们的目的仅仅是消除人类想象中的未知恐惧。通过从创世的角度定义人类所在的位置，古人可以将世界与自身联系起来，从而消除对未知或不可知的事物的恐惧。现代科学需要达到的目标远不限于此，它必须足够深刻，才能告诉我们更多未知的宇宙信息；现代科学的知识储备必须广博到能够做出预测，以证明和解释当前的宇宙；现代科学还应该为我们指出隐藏在一系列不相关事实背后的内在连贯性和统一性。

虽然现代宇宙学家采用的方法很简单，但对外行人而言并不容易理解。这种方法就是，首先假设支配地球运转的法则，然后将其推广到整个宇宙的尺度上，直到某人发现这个法则并不适用，再对其进行调整。比较典型的例子是，宇宙中有一些地方处于极端环境中，比如拥有极高或者极低的密度和温度，尤其是在过去的某段时间里，但我们生活的地球没有这种情况。因此有时候，我们期望相关理论在这样的极端条件下仍能适用。虽然有时确实如此，但在一些情况下，我们研究的是近似真实的自然法则模型，相比于真正的自然法则，前者具有一定的限制性。因此，当我们达到这些极限时，必须尝试建立更接近真实的模型才能解释特殊的新发现。虽然许多理论能用于预测，但我们不能通过观测检验其对错。事实上，正是这些预测决定了未来天文台或者人造卫星的建造。

宇宙学家热衷于构建"宇宙模型"，他们希望通过模型对宇宙的结构和历史进行简化的数学描述，以找到主要特征。就像模型飞机重现了真实飞机的一部分但并非所有特征一样，我们不可能寄希望于一个宇宙模型就可以涵盖宇宙的每一个细节。我们的宇宙模型还比较粗略，它们将宇宙看成一个完全均匀的物质海洋，但忽略了物质凝聚成恒星和星系的过程。只有当研究者研究更具体的问题，比如恒星和星系的起源时，才会考虑这个完美均衡的模型的缺陷。不过，构建模型这一方法非常有效，因为宇宙最显著的特征就是，我们可以通过模型，用简单且理想化的方式描述宇宙中以物质的形式均匀分布的可见部分。

宇宙模型还涉及宇宙的某些性质，诸如宇宙的密度或者温度，后者的数值只能通过观测获得，而且只有一些特定观测值组合符合模型的要求。通过这种方式，我们可以检验宇宙模型和真实宇宙之间的兼容性。

我们在宇宙的各方面探索上成就斐然。除了使用卫星、航天器和望远镜，我们还可以利用显微镜、原子对撞机和加速器、计算机以及人类的思维，来扩展对整个宇宙微观环境的认识。除了外太空的世界，比如恒星、星系以及宏大的宇宙结构，我们也开始研究微观世界深处错综复杂的精妙之处。在那里，我们发现了原子核的内部结构和组成部分——作为物质的基础组成部件，虽然数量很少，结构简单，但它们的结合组成了这个纷繁的世界，而我们也不过是其中特殊的一部分。

我们的两个前沿认知——关于物质组成的微观世界和恒星及星系组成的天文世界，在当代以一种意想不到的方式结合到了一起。它们原本属于不同的研究领域，由不同的科学家通过不同的方式来解答，现在他们的研究兴趣和方法紧密地交织在一起。通过粒子探测器对基本粒子展开研究，科学家很可能揭开星系形成的奥秘，这些基本粒子的特性也可能通过观测遥远的星光得到答案。通过重建宇宙的历史、寻找宇宙"青少年时期"的遗迹，结合宏观和微观的物理世界，我们对宇宙的统一性有了更加深刻和完整的认知。

《宇宙的起源》这本书的目的是，为初学者简明扼要地解说宇宙的起源。比如，关于宇宙早期的历史，我们有什么证据？宇宙起源的最新理论是什么？我们可以通过观测检验这些理论吗？我们自身的存在与它们有什么关系？这些是我们向着时间之始行进的旅程中可能会遇到的一些问题。我还将介绍一些关于时间的本质的最新理论，比如"宇宙暴胀"和"虫洞"理论，并在此过程中解释 COBE 卫星（宇宙背景探索者卫星）观测的重要性以及在 1992 年春天，它的观测给我们带来的欣喜。

　　我要感谢从事宇宙学研究的同事以及合作者，他们的讨论和发现让我有机会讲述宇宙起源的故事。安东尼·奇塔姆（Anthony Cheetham）和约翰·布罗克曼（John Brockman）①对这本书的构想值得称赞。我还要感谢格里·莱昂斯（Gerry Lyons）和萨拉·利平科特（Sara Lippincott）的指导。我的妻子伊丽莎白也提供了大量的帮助，她让我迅速地完成了这本书的写作，而不是无限期拖延，我对她所做的一切一如既往地心怀感激。当然，我的另一些家庭成员——戴维、罗杰和路易斯对这本书就显得兴致索然了，他们最感兴趣的是夏洛克·福尔摩斯。

---

① 美国著名文化推动者、"第三种文化"领军人，"世界上最聪明的网站"Edge 的创始人，该网站每年都会让 100 位全球最伟大的头脑坐在同一张桌子旁，共同解答关乎人类命运的同一个大问题，开启一场智识的探险，一次思想的旅行！湛庐集结策划出版的"对话最伟大的头脑系列"就是布罗克曼主编的 Edge 系列书籍，它们会带你认识当今世界上著名的科学家和思想家，洞悉那些复杂、聪明的头脑正在思考的问题，从而开启你的脑力激荡。——编者注

扫码下载"湛庐阅读"App,
搜索"宇宙的起源",
获取本书趣味测试及彩蛋!

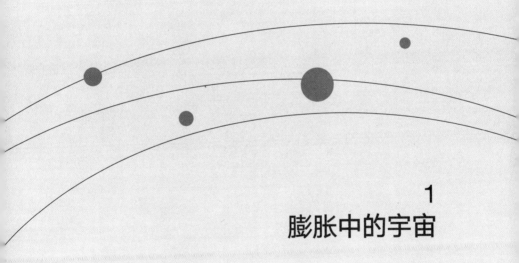

THE ORIGIN OF THE UNIVERSE

1
膨胀中的宇宙

宇宙是以何种方式、何种原因并从何时开始的？
这样一个简单的问题驱动着人类开启了探索宇宙的征
程。谜案的线索刚刚浮现，谁会是下一个破解迷局的
福尔摩斯？

"我必须对你表示感谢，"夏洛克·福尔摩斯说道，"因为你让我对这个稍显有趣的案子产生了兴趣。"

——《巴斯克维尔的猎犬》
（*The Hound of the Baskervilles*）

宇宙是以何种方式、何种原因并从何时开始的？它到底有多大？是什么形状？由何种物质构成？这些问题是任何一个拥有好奇心的孩子都可能会提出的，同时也是数十年来现代宇宙学家上下求索的。对于畅销书作家和记者而言，宇宙学的一个吸引人之处在于，该学科最前沿的许多问题都很容易表述；而其他前沿科学领域，比如量子电子学、DNA测序、神经生理学或者数学，专家提出的问题很难用通俗易懂的语言传达给大众。

20世纪早期，哲学家和天文学家尚未对"空间是绝对固定的"这一概念提出质疑。他们认为，在这个绝对固定的舞台上，恒星、行星和其他所有天体都只是沿着各自的轨道运转。但到了 20 世纪 20 年代，这种对宇宙的简单描述开始发生改变。首先是物理学家开始探索爱因斯坦的引力理论会带来什么结果，并获得相应的启发；其次是美国天文学家埃德温·哈勃通过对遥远星系中恒星光线颜色的观测，获得重大发现。

哈勃利用了波的一个简单性质：如果波源远离接收器，接收器收到的波的频率就会下降。如果你想观测这一性质，可以在一潭静止的水里上下摆动手指，看着波峰移动到水面的另一个点，然后将手指朝远离接收点的方向移动。相比于原先移动的那个点，此时接收器接收到的波的频率就会变低，而当你的手指靠近接收点时，接收到的波的频率就会增高。所有的波都具有这种性质。这一性质在声波中的体现就是火车鸣笛或者警笛的音调变化。光也是一种波，当光源远离观察者时，光波频率降低，这意味着被观察的可见光颜色会微微变红，这种现象被称为"红移"。当光源靠近观察者时，接收频率增高，可见光的颜色则变蓝，这种现象被称为"蓝移"。

哈勃发现，星系发出的光呈现出系统性的红移现象。通过测量红移的程度，他可以确定光源后退的速度。同样，通过比较同一类恒星（内在亮度相同的恒星）的视亮度，可以推断出它们与地球的相对距离。他发现，光源距离地球越远，远离的速度就越快。这一趋势被称为"哈勃定律"，该定律用数据来说明如图 1-1 所示。

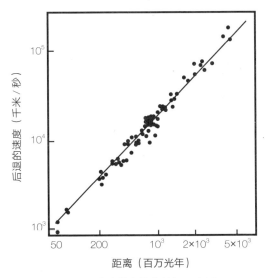

图 1-1　"哈勃定律"数据示意图

注：这是哈勃定律的现代图解，表明星系后退速度的增加与它们同地球的距离成正比。

图 1-2 展示了从遥远星系接收到的光信号的例子，与实验室中相同原子发出的光相比，这些来自遥远星系的原子在光谱上向红色方向移动。

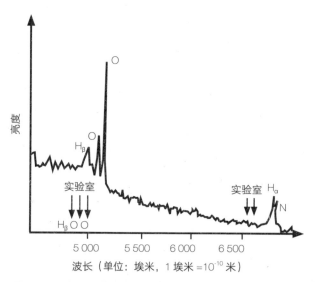

图 1-2　一个遥远星系的光谱（被称为"Markarian 609"）

注：该图展示了在 5 000 埃米附近的 3 个光谱线（标记为
　　H_β、O 和 O）和 6 500 埃米附近的 2 个光谱线（标记为
　　H_α 和 N）是如何系统地移动到更长的波长上的（同在
　　实验室测量的数据相比）。实验室中光谱线的位置用标以
　　"实验室"字样的箭头表明；测量的位置是光谱图上的峰
　　值标记。红移现象（红光的波长大约为 8 000 埃米）可
　　以帮助科学家计算出星系后退的速度。

哈勃发现的是膨胀的宇宙。在这之前，人们认为宇宙是一个恒常不变的舞台，行星和恒星在其中进行着可观察的固定运动，而哈勃发现宇宙是动态的、变化的。这是 20 世纪科学界的最大发现，它证实了爱因斯坦广义相对论对宇宙的预言：它不可能是静止的。因为如果星系间不相互远离，彼此之间的引力会使它们聚集在一起。所以宇宙不可能是静止不动的。

如果宇宙正处于一种膨胀的状态，那么当我们倒转历史、回顾过去时，就应该能找到证据证明宇宙起源于一种体积更小、密度更大的状态——该状态的尺寸似乎为零。这个假设后来被称为"宇宙大爆炸"。

我们在宇宙研究方面的步伐迈得有点大。对于宇宙现阶段的膨胀现象，还有许多重要方面值得探究，因此，当下我们不应该一头扎进对宇宙过去的钻研之中。首先，我们要搞清楚到底宇宙中的什么东西在扩张。在电影《安妮·霍尔》中，伍迪·艾伦靠在沙发上表达他对宇宙膨胀的焦虑："毫无疑问，宇宙膨胀意味着布鲁克林（纽约市的一个区）正在膨胀，你我在膨胀，所有人都在膨胀。"但值得庆幸的是，他的担忧是错的。我们没有膨胀，布鲁克林没有，地球没有，太阳系也没有。事实上，银河系也并未膨胀，甚至成千上万个星系聚集在一起被我们称为"星系团"的集合也没有膨胀。这些物质的集合在化学键力和引力的作用下紧密地结合在一起，它们的相互作用比宇宙膨胀的力更大。

只有当我们站在大规模的星系的尺度上时，才会发现宇宙的膨胀力超越了局部引力。例如，与我们相邻的仙女座星系正向银河系移动，因为仙女座星系和银河系之间的引力大于宇宙的膨胀力。星系群是宇宙膨胀的标尺，膨胀的并非星系本身。我们可以用一个简单的方式进行类比，比如位于正在膨胀的气球表面的尘埃。气球不断膨胀，表面的尘埃也会散开，但每个尘埃微粒本身并不会以同样的方式膨胀。尘埃的作用就是标记气球表面被拉伸的距离。同样，我们最好将宇宙的膨胀看作星系群之间空间的扩展，如图 1-3 所示。

我们可能会担心所有星系都在远离地球这一事实造成的后果。但星系远离的为什么是地球呢？如果我们对科学史有一丁点儿了解，就必然知晓，哥白尼证明地球并非宇宙的中心。如果我们认为宇宙的一切都在离地球远去，实质是又把地球置于了无限宇宙的中心位置。但事实并非如此。膨胀的宇宙不像大爆炸一样在空间中存在某个起点。宇宙并非从某个固定的背景空间开始膨胀，宇宙包含了所有膨胀的空间。

图 1-3　将宇宙的膨胀看作空间的扩展

注：气球表面的点代表一个个星系。虽然星系间的空间距离增加
　　了，但星系本身的大小并没有发生改变。这类似于一个有着
　　二维空间表面的宇宙，此处由气球的表面表示。在膨胀的表
　　面上，任何一个星系都能看到其他星系正在不断地远离自己。
　　需要注意的一点是，膨胀的中心点并不在气球的表面上。

　　请将空间想象成一片弹性薄板，任何物质在这个可延展
的空间上的存在和运动都会产生凹痕和弯曲。宇宙弯曲的空
间就像四维球体的三维表面，这是我们无法直观看到的。但
如果将宇宙想象成一个平面，一个只有两个维度的空间，那
它就近似于一个三维球体的表面。

　　设想这个三维的球体表面正在变大，就像图 1-3 中膨胀
的气球一样。气球的表面是一个膨胀的二维宇宙，如果我们
在上面标记两个点，当气球充气时，这些点就会相互远离。

如果在气球表面标记许多点后再充气，你就会发现，无论你将自己放在气球表面何处，当气球膨胀时，除你之外的所有其他点都会离你远去。

你也会发现哈勃的膨胀定律：与那些相距较近的点相比，相距更远的点之间在以更快的速度相互远离。从这个例子中我们可以看到，虽然气球的表面代表空间，但气球膨胀的中心根本不在表面。气球的表面不存在膨胀的中心，也没有任何边缘，因此你不可能从宇宙的边缘掉下去。宇宙不会膨胀成任何东西，因为宇宙就是一切。

至此，我们会产生一个问题：宇宙的膨胀是否会无限地持续下去？如果我们将一块石头扔到空中，它会被地球的引力拉回来，扔的力量越大，传递给石头的能量就越多，它在被拉回地球之前所能达到的高度就越高。现在我们知道，如果以超过 11.2 千米 / 秒的速度发射一个物体，它就能脱离地球引力。这便是火箭的关键发射速度，太空科学家称之为脱离地球引力的"逃逸速度"。

上述观点也适用于任何被引力阻碍的爆炸或者膨胀着的物质系统。如果物质向外的动量超过了引力内拉所产生的能量，该物质便会超越逃逸速度，继续膨胀。但是，如果引力在该物质各部分间产生的力较大，则这个正在膨胀的物体最终会重回原点，就像在地球上扔石头一样。膨胀的宇宙也是如此。宇宙膨胀之初也有一个临界启动速度，如果膨胀的速度超过该值，那么宇宙中所有物质的引力将无法阻止膨胀，并且宇宙将永远膨胀下去。相反，如果膨胀速度小于临界值，膨胀将停止并发生逆转，最终收缩到尺寸为零的状态，也就是它的初始状态。

这两种情况之间存在着所谓的"英国式的折中宇宙"（British compromise universe），它膨胀的速度刚好符合临界启动速度，即保持使宇宙永远膨胀的速度最小值（见图1-4）。关于宇宙的最大谜团是，它目前正逐渐逼近这个临界值，事实上，宇宙膨胀的速度太接近临界值，使我们无法肯定宇宙现今膨胀的速度到底是在临界值的哪一边，我们也不知道未来宇宙的膨胀速度将如何变化。

宇宙学家认为，我们非常接近这一临界值，宇宙的这种特殊现象需要得到解释。令人难以理解的是，随着宇宙的膨胀和时间的流逝，如果它不是精确地以临界启动速度开始膨胀，那么它的速度便会日渐偏离这个分水岭。这给我们带来一个巨大的难题，因为宇宙已经持续膨胀了约 150 亿年，但它现在的速度仍然非常接近临界值，我们无法确定它的速度落在临界值的哪一边。

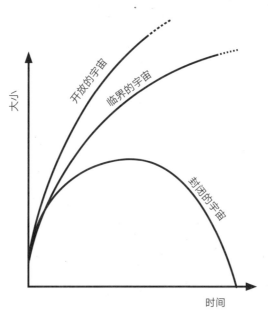

图 1-4　三种膨胀的宇宙

注：开放的宇宙在一定程度上是无限的，并且会永远膨胀下去；封闭的宇宙是有限的，并将收缩到"大坍缩"状态。两者间的分界是临界的宇宙，在这种情况下，宇宙无限大且永远保持膨胀的状态。

　　经过如此漫长的时间后，宇宙膨胀的速度依然与临界启动速度难分伯仲，这就要求宇宙的初始膨胀速度与临界启动速度的差别小于 1/10000……000（1 后面跟 36 个零）。为什么？后文我会介绍，科学家对宇宙最初膨胀时刻可能发生的事件所做的研究，为这种极不可能的问题提供了一个可能的解释。但在这里，我们只要理解为什么在百亿年的膨胀之后，任何宇宙的膨胀速度都必须与这一临界值非常接近，就已经足够。

　　如果宇宙膨胀的起始速度比临界启动速度快得多，那么引力就永远无法将同一区域的物质岛聚集在一起形成恒星和星系，而恒星的形成是当前可见宇宙演化过程中至关重要的一步。恒星是物质的聚合，随着聚合物质的不断增多，其中心就会产生足够大的压力，引起自发的核聚变反应。这些核聚变反应在漫长而平静的岁月中将氢变成了氦，这正是太阳正在经历的阶段，但在生命的最后阶段，恒星会遇到一场核能源危机。

　　每颗恒星都会经历一个快速变化的爆炸时期，在这个过程中，氦被转化成碳、氮、氧、硅、磷以及所有在生物化学过程中起重要作用的元素。当恒星以超新星的形式爆发时，这些元素便散落到太空中，最终融入行星和人类体内。恒星是所有元素的来源，而这些元素也是生物化学复合体乃至生命赖以存在的基础，我们体内的每一个碳原子核都源于恒星。

因此，比临界启动速度膨胀得更快的宇宙永远无法产生恒星，从而也永远无法产生能够进化出复杂"生命体"所需的基本元素，而这些元素是人类或者硅基计算机所必需的。同样，如果宇宙膨胀的速度远低于临界启动速度，它的膨胀将会逆转为坍缩状态，恒星便没有足够的时间成形、爆发以及创造生物的组成元素，这样的宇宙便无法产生生命。

我们能够从以上分析中获得一个令人惊讶的结论：只有那些在数十上百亿年后仍然以非常接近临界启动速度膨胀的宇宙，才能产生足够多的物质，从而形成足以进化出智慧生命的复杂聚合结构（见图 1-5）。我们不该惊讶宇宙膨胀的速度为何如此接近临界启动速度，因为我们不可能存在于以其他速度膨胀的宇宙中。

在膨胀宇宙的研究及其历史的重建方面，我们的进展非常缓慢。20 世纪 30 年代，比利时牧师兼物理学家乔治·勒梅特（Georges Lemaitre）在宇宙探索初始阶段的研究上发挥了主导作用，他的"原始原子"（primeval atom）理论是如今宇宙大爆炸模型的前身。最重要的宇宙研究进展发生在 20 世纪 40 年代末，移民美国的俄罗斯人乔治·伽莫夫（George Gamow）带着手下两名年轻的研究生拉尔夫·阿尔夫（Ralph Alpher）和罗伯特·赫尔曼（Robert Herman），开始认真思考如何运用已知的物理学知识阐释膨胀宇宙的初期状态。

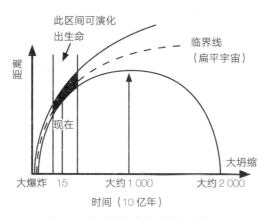

图 1-5　宇宙膨胀会产生的各种结果

注：宇宙膨胀的速度如果远大于临界值，物质便无法聚合形成恒星和星系。因此，这样的宇宙无法产生生命。而如果宇宙膨胀的速度远小于临界值，在恒星形成之前便坍缩了。阴影区域表明了智慧生命得以进化的宇宙膨胀速度范围及时期。

阿尔夫和赫尔曼意识到一个关键点：如果宇宙在很久以前是从一个炽热且稠密的状态开始的，那么这个爆炸性的起点应该还残留有一些辐射。更具体地说，在宇宙刚诞生的几分钟，它应该已经处于极度炽热的状态，热到足以让核聚变反应在任何地方发生。这些重要的猜想后来被更加详尽的预测和观察证实。

1948 年，阿尔夫和赫尔曼预测到，宇宙大爆炸后的辐射残余随着宇宙的膨胀在冷却，此前应该保持在比绝对零度[①]高 5 开尔文。然而，他们的预测却被湮没在物理文献中。15 年后，其他几位科学家开始思考炽热的膨胀宇宙的起源，但没人看过阿尔夫和赫尔曼的相关论文，因为当时的通信并不像如今这么发达。

20 世纪 50 年代和 60 年代早期，在大多数物理学家眼中，重建宇宙早期历史的细节并不是一件非常严肃的科学活动。但到了 1965 年，形势发生了改变。阿尔夫和赫尔曼的宇宙辐射场被阿诺·彭齐亚斯（Arno Penzias）和罗伯特·威

---

① 绝对零度是热力学的最低温度，单位是开尔文。绝对零度，也就是 0 开尔文约等于零下 273.15 摄氏度。——编者注

尔逊（Robert Wilson）偶然发现。这种辐射场表现为微波噪声以相同频率从太空的四面八方传来。他俩是新泽西州贝尔实验室的无线电工程师，当时正负责校准一条灵敏的无线电天线以跟踪第一个"回声号"（Echo）卫星。

与此同时，在几千米外的普林斯顿大学，由物理学家罗伯特·迪克（Robert Dicke）领导的小组重新独立地计算出了阿尔夫和赫尔曼在很久以前得出的结果，并开始着手设计用于搜寻宇宙大爆炸遗留辐射的探测器。他们听说贝尔实验室的接收器总是接收到无法解释的微波噪声，便很快认定这就是他们正在寻找的大爆炸残余辐射。如果该微波的源头确实是热辐射，则温度为 2.7 开尔文，这与阿尔夫和赫尔曼的估值非常接近。这种热辐射被称为"宇宙微波背景辐射"（cosmic microwave background radiation）。

宇宙微波背景辐射的发现标志着宇宙大爆炸模型研究的正式开始。渐渐地，其他观测结果进一步揭示了宇宙微波背景辐射的特性。它在每个方向上的强度基本保持一致，上下浮动不超过千分之一。大家在不同频率上测量宇宙微波背景辐射的强度时，发现其强度呈现出典型的随频率变化而变化的特征，而这正是纯热（pure heat）的特征。人们称这种辐

射为黑体辐射。可惜的是，地球大气层中分子对辐射的吸收
和发散，让天文学家无法确认辐射在整个光谱上是否均为热
辐射。

　　然而，学界仍然怀疑，宇宙微波背景辐射并非产生于宇
宙大爆炸，而是源于大爆炸过后很久才发生的某个剧烈事
件。而这些疑问只能通过观测地球大气层以外的辐射才能解
答。1989 年，美国国家航空航天局（NASA）发射的 COBE
卫星取得了首个成就——从太空中测量到了宇宙微波背景辐
射的完整辐射谱。这种辐射拥有自然界可见的最完美的黑体
光谱，同时它也证明，宇宙曾经的温度比现今高千百摄氏度
（见图 1-6）。因为只有在这样极端的条件下，宇宙中的辐射
才能以如此高的精确度符合黑体辐射的标准。

　　另一项重要实验同样证明了宇宙微波背景辐射并非起源
于宇宙近期的某个事件，该实验在执行高空飞行任务的 U2
飞机上实施。U2 飞机原本只用作战略侦察机，体型小巧但
拥有巨大的翼展，这些特性让其成为非常稳定的观测平台。
这次实验与以往向下的观察方向不同，科学家通过观察天际
发现，天空中的辐射强度在各个方向上有微小但系统性的变
化，正如之前的预测所言。如果辐射在遥远的过去就已经产

生，就会出现这种变化。

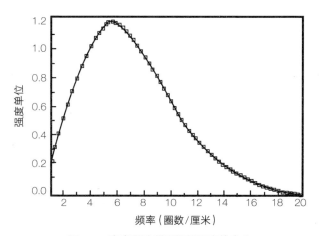

图 1-6　宇宙微波背景辐射强度的变化

注：COBE 卫星位于地球大气层上方，上图是它观测到的宇宙微波背景辐射强度的变化及其频率。观测结果（图中的小圈）完美地符合源于纯热辐射做出的预测（图中曲线），并且其温度也为 2.73 开尔文。

　　如果宇宙微波背景辐射在宇宙早期就已经出现，并且形成了一个均匀膨胀的海洋，那就意味着我们会穿过它。地球作为一个整体，绕着太阳运转，而太阳绕着银河系运转；同样，银河系绕着它的邻居运转，这样的例子不胜枚举。这些运动意味着我们正朝着某个方向穿过宇宙微波背景辐射（见

图 1-7）。当我们顺着这个方向观测时，辐射强度将达到最大值，而在反向 180 度的方向上，辐射强度值最低，并且在两个极值之间根据角度的不同呈现出典型的余弦变化（见图 1-8）。这种现象就好比在暴风雨中奔跑一样，你的前胸最湿，而最干燥的部位是背部。雨就是我们谈论的微波，它对着我们运动的方向横扫过来。

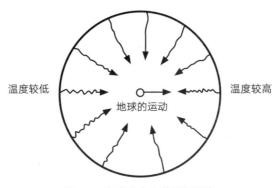

温度较低　　　　　　　地球的运动　　　　　　温度较高

图 1-7　各个方向上的辐射强度

注：我们穿过大爆炸产生的具有各向同性的宇宙微波海洋。我们测量了相同运动方向上宇宙微波背景辐射的最大强度，也测量了相反运动方向上宇宙微波背景辐射的最小强度，两个极值之间存在稳定的余弦变化。

随后，几个不同的实验同样证实了后来被我们称作"星空中伟大的余弦"（The Great Cosine in the Sky）的发现。

相对于宇宙的微波海洋而言，我们和所居住的星系群在不断移动。因此，辐射不可能产生于星系的内部，因为如果真是这样的话，辐射会随着我们的运动而运动，我们就将无法观察到其强度的余弦变化。

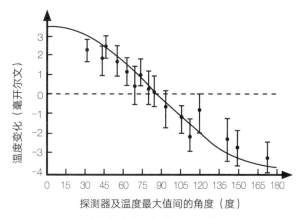

图 1-8　宇宙微波背景辐射呈现出的余弦变化

注："星空中伟大的余弦"显示了宇宙微波背景辐射在毫开尔文下的实际温差，当观测的角度改变时，辐射强度会随着变化从最大值转变为最小值。温差线显示了每个温度测量的精确度。

我们正在穿越始于大爆炸的宇宙微波背景辐射是影响辐射强度变化的一个因素，但并非导致其强度在不同方向呈现微小变化的唯一因素。如果宇宙在不同方向上以略微不同的速度膨胀，那么辐射的强度将会在扩张速度较快的方向上减弱（温度变低）。不仅如此，在某些方向上，物质的聚合会变多，而在另外一些方向上，物质难以聚合。物质密度在不同方向的区别同样也会改变来自这些角度的辐射强度。寻找这些变化则成为 COBE 卫星的使命。1992 年，它们的发现震惊了全世界。

我们审视这些来自星空不同方向上的辐射强度值时，发现了一些关于宇宙结构的惊人事实。宇宙在每个方向上都在以几乎相同的速度膨胀，误差不高于千分之一。我们称这种膨胀特点为各向同性，也就是说，宇宙膨胀的速度在每个方向上都是一样的。如果一个人可以从某个所谓的"宇宙展览馆"中随机挑选可能出现的宇宙，那么能选出来的宇宙种类肯定不计其数，而且和当前的宇宙也各不相同。有些宇宙可能在某些方向上的膨胀速度比较快，有的宇宙或许在高速旋转，甚至有的宇宙在某些方向上收缩、在其他方向上膨胀。然而，我们的宇宙是如此特别：它似乎处于一种不可思议的有序状态，在这种状态下，它的膨胀速度在各个方向上都保持着惊人的一致性。这就好比你发现孩子们的卧室都保持着非常整洁的状态一样，这种情况出现的可能性是极低的。这时候，你会思考是否有什么外部因素促使了这一变化。同样，我们必须对宇宙膨胀呈现出的显著的各向同性给出一个合理的解释。

宇宙学家一直认为，宇宙膨胀的各向同性是一个巨大的谜团，必须对此做出解释，而科学家所采取的方法阐明了这个学科的思维方式。第一种解释认为，宇宙在膨胀之初就具有各向同性，而现在的状态只是它特殊起始状态的体现。这便是所谓的"天行有常"。

然而，从实际角度出发，这种解释并不是很有帮助。因为它没有解释任何东西，它的作用就好比用牙仙哄小孩一般[①]。当然，这个解释有可能是真的，但如果事实真是如此，那我们便希望能够找到一些更深层次的"原理"，以重现宇宙初始阶段各向同性膨胀时的状态。这种"原理"也许可以在其他更适合的地方显现。这种解释的缺点是将阐释宇宙目前状态的希望完全寄托在（对我们而言）未知的（也许是不可知的）初始状态上。

① 牙仙是欧美等西方国家传说中的精灵。传说中，小孩子脱掉乳齿后，将乳齿放在枕头底下，夜晚时牙仙就会取走，换成一个金币，象征小孩将来会换上恒齿，成为一个大人。——编者注

　　第二种解释认为，将目前的状态看作宇宙中某些物理过程的结果，而这个过程还在继续。因此，我们也许可以将宇宙的初始状态放在一边，无论它最初是多么不规则，但经过数十亿年的岁月洗礼，这些不规则的部分全被磨平，只留下了各向同性的膨胀状态。这种解释的优点是引出了可能的研究主题，例如，宇宙的这种演化过程是否可以消除膨胀的非一致性？达到这种一致性需要花费多长时间？到目前为止，这些过程是否能够消除宇宙膨胀中所有的不规则情况，又或者只能消除其中的一小部分？

　　第二种解释让我们确信，无论宇宙以何种方式开始，在它的早期阶段，都不可避免地出现了一些演化过程，确保宇宙在历经 150 亿年的膨胀之后，刚好呈现出如今我们所观察到的模样。

　　尽管第二种解释听起来很有吸引力，但它也有缺点。如果我们成功地证明宇宙当前状态的由来与其初始状态毫无关联，那么我们对其结构的观察将对宇宙初始状态的探索毫无帮助。

THE ORIGIN OF THE UNIVERSE

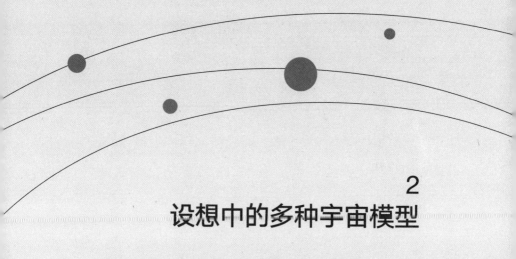

2
设想中的多种宇宙模型

只有模型才能让我们将种种线索串联起来，你要做的是不断假设、论证、推翻、再假设、再论证、再推翻……到最后，总会有一些金子在泥沙中闪耀！

旁人皆为专才，唯有他是全知全能。

——《布鲁斯－帕廷顿计划》

(*The Bruce-Partington Plans*)

当阿尔伯特·爱因斯坦于 1915 年提出广义相对论时，并没有多少人相信宇宙是由巨大的恒星聚集，也就是我们所知的星系构成。当时的人们普遍认为，这些地球外的光源或者星云位于银河系中。天文学家或哲学家也都一致认为充满繁星的宇宙是静态的。

正是在这种认知背景下，爱因斯坦提出了引力新理论，包含且取代了牛顿的经典力学体系。与牛顿对引力的经典描述不同，即使宇宙在一定程度上是无限的，引力也具有描述整个宇宙的非凡能力。人们目前只找出了爱因斯坦方程式的最简单的解。但幸运的是，这个简单的答案已经很好地描述了我们所观察到的宇宙。

当爱因斯坦开始探索新方程式所揭示的宇宙时，他采用了科学家通常使用的方法——对所需解答的问题进行简化。真正的宇宙是一种复杂度远超于我们想象的存在。对我们而言，它就是一头极度复杂的"野兽"，难以应付。也正是因为如此，爱因斯坦对其进行了简化。他假设，宇宙中的物质在任何地方都是均匀分布的，也就是说，他忽略了不同区域的密度变化。他还假设，宇宙在各个方向上都保持一致。我们现在知道，这些假设都是对宇宙状态的极好诠释，宇宙学家今天仍然会在推导宇宙的整体演化情况时采用这种假设。

然而，爱因斯坦的极度苦恼也随之而来，因为他发现自己所推导的方程式要求宇宙必须随着时间的流逝不断膨胀或者收缩。这并不难理解，牛顿对万有引力的描述也符合该要求。如果你把一团尘埃粒子放入太空，由于相互之间的吸引力，粒子团会逐渐收缩，唯一能阻止这种情况发生的是某种爆炸，这样才能将粒子分开。宇宙无法保持静止的状态，除非有另外一种力量介入来对抗引力，在没有相反作用力的情况下，静态分布的恒星以及星系间的引力会使它们收缩。

　　爱因斯坦对自己的广义相对论推导出来的预测深感困惑。显然，他缺乏说出宇宙并非处于静止状态的自信。在当时，膨胀的宇宙是一种非常奇怪的概念。相反，他开始寻找方法来合理地修改自己的新理论，以阻止宇宙出现膨胀或者收缩的可能性。他发现，可以在数学中引入某个项来代表某种斥力，这种力与作用于物质的引力刚好相反。如果将这个他称为"宇宙常数"的项放入广义相对论中，便可以建立他想要的模型，其中，斥力正好抵消了引力。这就是我们所熟知的爱因斯坦静态宇宙（Einstein static universe）模型（见图 2-1）。

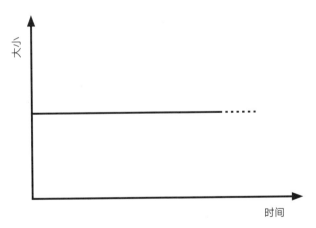

图 2-1　爱因斯坦静态宇宙模型

注：静态宇宙的大小不会随时间改变，它没有起点也没有终点。

1922 年，来自圣彼得堡的年轻数学家兼大气物理学家亚历山大·弗里德曼（Alexander Friedmann）对爱因斯坦的计算进行了研究，并发现这位大师的计算存在重大疏漏。静态宇宙虽然是修正方程式的一个解，但并非唯一的解。实际上，其他的解所描述的宇宙都是膨胀的，这也是最初广义相对论方程式预测的结果。爱因斯坦的反引力项无法阻止真实宇宙的膨胀。弗里德曼发现了所有符合广义相对论方程式的膨胀宇宙，并将研究结果转交给了爱因斯坦。

起初，爱因斯坦只是认为，弗里德曼犯了简单的计算错误，但很快，他就被弗里德曼的同事说服了。这位同事发现，包含宇宙常数的方程式推导出来的是一个不真实的静态宇宙：如果爱因斯坦的静态宇宙在最微小的程度上发生改变，就会开始膨胀或者收缩。这个宇宙的版本就如同使一根针在针尖上保持平衡，太过于脆弱。

许多年之后，爱因斯坦将自己对宇宙常数的坚持称为"一生中最大的错误"。宇宙常数的引入让他错过了一个震动世界的机会，即预测出宇宙正在膨胀。这一失误让光环落到了弗里德曼的头上。但可惜的是，弗里德曼没有活着看到他的预言得到实证。7 年后，埃德温·哈勃的观测最终让全世界的人们相信宇宙是膨胀的。弗里德曼为了气象研究进行了许多危险的高海拔热气球飞行，曾一度保持热气球高空飞行的世界纪录。1925 年，他死于高海拔飞行后遗症。他的早逝对科学界而言是巨大的损失。去世时，他只有37 岁。

尽管爱因斯坦继承了传统的静态宇宙观，但这并不意味着他的前辈否认宇宙状态可能发生变化的可能性。尽管之前未曾有宇宙膨胀或者收缩的概念，但有很多人猜测宇宙可能正在逐渐变成一个无序且不适宜居住的状态。这种想法源于人们对热量作为能量来源的研究。工业革命为科学和工程带来巨大进步，其中最重要的是人们对机器和蒸汽机的设计和理解，这些发展衍生出了热能作为能量形式的研究。大家都知道，能源是一种守恒的"商品"，它既不能被创造也不能被毁灭，只能从一种形式变为另一种形式。

然而，事情并非这么简单。某些形式的能量比其他形式的更有用，衡量效用的方法是衡量能量存在形式的有序程度：无序程度越高，效用越小。这种被称为"熵"的混乱状态似乎在自然过程中不断增大。在某种程度上，这并没有什么神秘之处。比如，你的桌面和孩子的卧室会从一种有序状态变为一种无序状态，这种过程不可逆。有很多方式可以让事情从有序走向无序，而非相反，我们从实践经验中完全可以确定这一点。这个想法也被写入了著名的热力学第二定律，该定律表明，一个封闭系统的熵不会减小。

对蒸汽驱动引擎的痴迷让鲁道夫·克劳修斯（Rudolf Clausius）[①] 以及其他一些科学家将宇宙本身看作一个符合热力学定律的系统。这预示了多少有点令人沮丧的宇宙前景：宇宙中的一切似乎都在朝着无趣、无结构的状态前进，所有有序的能量形式最终都将被瓦解。为了将这些想法形成逻辑，克劳修斯引入了宇宙"热寂"（heat death）的概念。他预言，在未来，"宇宙将处于一种永恒的死寂状态"，因为熵会不断增大，直至它可能达到的最大值。此后，宇宙将再无任何变化。宇宙将会停在熵值最大的状态——一个毫无特点的辐射海洋，到处都一样，再没有像恒星、行星或者生命这样的有序的东西，只有热辐射变得越来越冷，直到宇宙达到终极平衡。

另一些人则开始研究这个想法能否推演出宇宙遥远过去

---

① 1850 年热力学第二定律的发现者以及"熵"这个术语的首创者。

的状态。该想法暗示着宇宙一定有一个起点，一个具有最高秩序的状态。1873 年，具有影响力的英国科学哲学家威廉·杰文斯（William Jevons）声称：

> 我们无法无限地追溯宇宙的热量历史。对于一个特定的（即过去的时间）负数，公式得出了一个不可能的值。已知的自然规律表明，一些初始热量的分布无法从之前的分布中产生。现在，热力学（theory of heat）让我们陷入了进退两难的境地，要么相信宇宙始于过去的某个特定日期，要么赞成自然法则的运作发生了一些我们无法解释的变化。

引人注意的是，这一论证的提出比宇宙膨胀概念的提出早 50 年。20 世纪 30 年代，爱因斯坦的引力理论推导出宇宙是膨胀的，这一点被哈勃望远镜证实了。在这样的背景下，英国天文学家亚瑟·爱丁顿（Arthur Eddington）重申了这一观点。他写道：

> 倒转时间，我们会发现世界上有许许多多的结构。如果我们停留在宇宙早期阶段，就会回到物质和能量可能存在最大结构的时代。再往前追溯是不可能的。因为我们将到达时空的另一端——一个我们称为"起点"的地方。我能够接受

现阶段的科学理论对未来的预测，也就是宇宙将变为热寂状态。也许这是数十亿年之后的事，但沙漏中的沙子终将耗尽，我们无法逆转。我没有对这个结论本能地产生退缩心理……奇怪的是，与宗教的渴求相反，人们总是将物理宇宙终将终结的看法视作一种悲观的观点。

20世纪30年代，爱丁顿和他的挚友天文学家詹姆斯·琼斯（James Jeans）所著的读物得到普及，越来越多人知道了宇宙热寂理论。宇宙膨胀理论和克劳修斯的热寂理论相结合，加剧了人们对"宇宙中的物质将退化为无结构的热辐射状态"这一观念的恐慌。这种观点给世人带来了悲观的情绪，并且渗透进当时许多神学和哲学的著作里，甚至出现在像多萝西·L.赛耶斯（Dorothy L. Sayers）这样的当代小说家的作品中。这种观点意味着，无论在地球上，还是在宇宙其他地方，生命的灭绝都将不可避免；同时也证实，世界末日就算离我们还很遥远，也终将会到来。

有趣的是，尽管当时没有人注意到，但杰文斯和其他人关于宇宙"起点"的观点并不完全正确。尽管热力学第二定律要求宇宙的熵在我们追溯过去时变小，但这并不意味着在经过有限的时间后，它会达到零的状态，如图2-2所示。熵可以随着时间的推移呈指数级增长，也可以无限接近于零，但不会真正达到零，如图 2-3 所示。

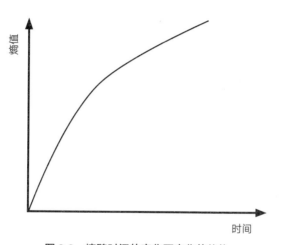

图 2-2　熵随时间的变化而变化的趋势

注：上图显示的是熵从某个阶段开始的一段增量。如图可见，当时间倒回过去的某个点时，熵为零。

另一种情况是，随着时间的推移，宇宙的熵会增大，但在局部区域里，熵会减小。这是目前在宇宙许多地方发生的情况。当地球的生物圈在局部变得更为有序时，熵的减量就超过了地球和太阳间热量交换时总体产生的熵增量。如果你打算用一些木头做一把椅子，那么在施工的过程中，木头的有序程度会提高，熵减小。然而，这些过程并未违背热力学第二定律，因为总熵，也就是能量的输出增加了，包括储存于淀粉中的、储存于身体中的以及施工所耗费的能量。事实上，我们周围所看到的物质世界的复杂性是一种精妙的呈现，自然可以创造出局部的熵减少，这可以为我们带来当所有地方的熵都增大时所不能获得的平衡。

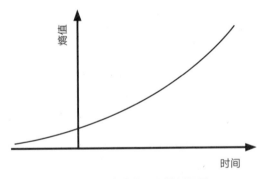

图 2-3　宇宙的熵无限接近于零

注：在宇宙的另一种可能性中，熵会不断增大，回溯过去，宇宙的熵会无限接近于零却从未达到零。

　　直到最近，宇宙学家才意识到之前提出的宇宙会毁灭的预言并不会发生，也就是说，在未来，当熵达到极大值时，膨胀宇宙不会陷于之前所预测的热寂状态。虽然宇宙的熵会继续增加，但在任何特定的时间下，宇宙所能拥有的最大熵值增长的速度更快。因此，熵可能达到的极大值和宇宙熵的实际极大值之间的差距在不断增大，如图 2-4 所示。所以，宇宙实际上离完全平衡的"热寂"状态越来越远。

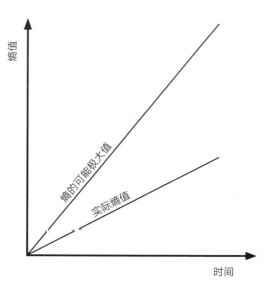

图 2-4　当前的宇宙"热寂"观点

注：不断膨胀的宇宙的实际熵值会随着时间的推移而不断增大，
　　但在一个包含等量物质的宇宙中，熵的可能极大值增加的
　　速度更快。随着时间的推移，在达到熵的可能极大值时，
　　宇宙将离完全平衡的"热寂"状态越来越远。

当我们计算宇宙当前的熵时，发现它的值低得惊人。也就是说，我们可以设想宇宙能量分布的方式异常无序。尽管宇宙以熵持续增加的方式膨胀了近 150 亿年，但它当前仍然处于高度有序的状态，其中的原因仍是一个谜。这意味着宇宙的初始状态一定极度有序，因此当时的状态必定非常特殊，可能由某些对称或者极为有效的宏大规则支配。

然而，事实证明，我们不可能利用这些想法发现这一规则，因为我们对宇宙结构的了解还不足以支撑识别出所有有序和无序的方式。因此，我们也无法完整地计算出宇宙当前的熵。1975 年，物理学家雅各布·贝肯斯坦（Jacob Bekenstein）和斯蒂芬·霍金证明了黑洞具有与深量子（deep quantum）相关的熵。英国数学家罗杰·彭罗斯（Roger Penrose）推测，类似的熵也可能与宇宙的引力场有关。对未来的宇宙学家而言，全面理解引力在热力学领域的表现是一个难题。我们将在本书的末尾回到这个问题。

如果你不喜欢正在不断膨胀的宇宙，不希望它的熵在未来不断增大，可以选择另一个由弗里德曼提出的宇宙膨胀模型，其中有些宇宙模型膨胀的速度很慢，足以让物质的引力作用在遥远的未来将宇宙坍缩到大小为零的状态，这种最终状态将是极度猛烈的热寂：随着坍缩不断加剧，温度和密度将无限增大。这种宇宙的演化模型提出了循环宇宙的古老概念，即宇宙不断经历着重生，每一次都像凤凰一般从灭亡的灰烬中涅槃（见图 2-5）。

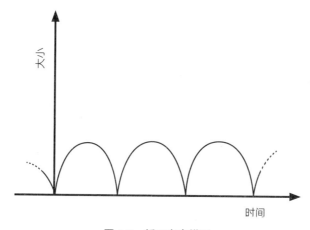

图 2-5　循环宇宙模型

注：该图表示的是一个永恒循环的宇宙，在该宇宙中，每个周期的大小与它的前身相同。

根据这种观点，我们生活在一个循环宇宙的膨胀时期，它有着悠久的历史，同时也有着无限的未来。所有的行星、恒星和星系都会在宇宙陷入每一次"大坍缩"时被摧毁,然后宇宙又重新回到膨胀的状态。

尽管该模型在哲学上十分具有吸引力,并且不需要解释宇宙起源时发生了什么才导致现在的膨胀状态,但因为热力学第二定律,它也遭受了不少非议。

关于循环宇宙的反对论点是由美国物理学家理查德·托尔曼(Richard Tolman)在 20 世纪 30 年代提出的。他认为,宇宙的大小会在前一个宇宙的最大值上继续增大,因此宇宙的每个周期都大于上一个周期。这有可能发生,因为物质会逐渐耗散于辐射之中,导致对抗宇宙膨胀引力的力增大。因此,在接下来的循环中,膨胀会持续得更久。如果我们沿着一个不断增大的循环宇宙回到过去,它会变得越来越小。在当时以及之后的很长一段时间内,人们又都错误地认为,这意味着宇宙在有限的时间里从大小为零的状态开始膨胀;也可能在过去的时间里,宇宙经历了无数个周期,每个周期都比后来的周期小,但从未达到大小为零的状态(见图 2-6)。

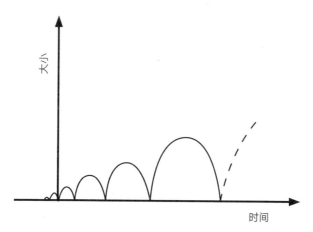

图 2-6　不断增大的循环宇宙模型

注：同热力学第二定律相符，熵值随着时间的推移不断增大，
　　这增加了宇宙中辐射的压力，使得每个周期随着时间的流
　　逝而延长。

　　另一些人则认为，如果过去已经发生了无数个宇宙循环，那么熵的增大应该会导致现在的宇宙处于热寂状态。然而，由于没有人能够确定宇宙在每次重生时发生了什么，因此这个观点并不具有说服力。一些人推测，在每次宇宙重生的过程中，我们所谓的物理常数、熵值，甚至所有自然法则都可能会重新洗牌。如今，这类争论已经变得无足轻重，因为我们缺乏对宇宙熵值的充分理解。如果引力场

以一种非同寻常的方式承载熵，那么宇宙熵值的持续增加很可能不会导致宇宙的大小从一个周期到下一个周期的稳定增长。

如果你和对宇宙学很感兴趣的人交谈，可能会发现，提到大爆炸理论就会让他想起宇宙恒稳态理论。事实上，恒稳态理论早在 30 年前就不是学界的主流了。尽管如此，作为大爆炸理论的竞争对手，这种理论仍然根植于大众的思想中。恒稳态理论是天体物理学家托马斯·戈尔德（Thomas Gold）、赫尔曼·邦迪（Hermann Bondi）和弗雷德·霍伊尔（Fred Hoyle）的思想的产物。1948 年，他们在剑桥大学看了一部以回归到开始状态为结局的电影——《死亡之夜》（The Dead of Night），之后就提出了这个模型。"如果宇宙真是这样的呢？"他们这样问自己。他们虽然都知道宇宙在膨胀，但不喜欢宇宙应该有起点的想法，而这似乎正是膨胀的宇宙所暗示的。他们希望宇宙在任何时候，包括从无限过去到永恒未来之间，所呈现的整体外观都是一致的。所以，他们设计了这个模型，在其中，宇宙没有起点，并且从总体上看始终保持一致（见图 2-7）。

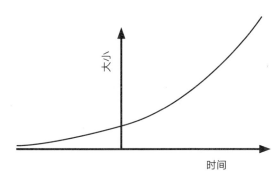

图 2-7　恒稳态宇宙的膨胀

注：恒稳态宇宙的膨胀没有起点也没有终点。

　　他们认为，宇宙不是在过去的某个特殊时刻创造出的产物，而是不断地创造物质，并且以正确的造物速度发展，从而平衡由膨胀引起的密度稀释，最终保持宇宙物质密度的恒定。这种状态开始于无限远的过去，并将永恒地延续下去。相比之下，大爆炸理论下的宇宙膨胀导致其密度不断下降，它显然拥有一个创造物质的起点，而且造物过程并未延续下去。顺便说一下，恒稳态宇宙所需的造物速度极为微小，大约每 100 亿年一次，每立方米增加一个原子，而且我们永远不可能直接观测到如此微小的造物过程。造物速度如此之慢的原因是，宇宙中几乎没有物质。如果如今宇宙中的所有恒星和星系都变成统一的原子海洋，那么每立方米的空间中就只有一个原子。这可比地球上任何实验室所能产生的真空更空。外层空间实际上就是空无一物的房间——空间。

宇宙恒稳态理论的优点之一是具有确定性，对宇宙应该呈现的模样做出了非常肯定的预测，因此很容易被我们观测所得的结果反驳。事实上也的确如此。如果宇宙在所有的时期里都保持一致，那么就不存在所谓的特定的宇宙历史时期，例如，当星系开始形成，或是类星体普遍存在的时期。射电天文学起源于第二次世界大战时期对雷达的研究，这种新科学使天文学家能够以无线电波而非可见光的形式观察那些发射能量的物体。天文学家利用射电望远镜观测到了非常古老的星系，这些星系是无线电波的重大来源。他们观察这类星系以确定它们是否就像大爆炸理论所预测的那样，出现于宇宙的某个特定时期，抑或像宇宙恒稳态理论所预测的那样，一直保持同样的星系数量。20 世纪 50 年代末，不断累积的观测结果表明，过去的宇宙与今天的宇宙大相径庭。在宇宙历史的不同时期，能够发射强烈的无线电波（射电星系）的星系数量并不相同。

当我们观察遥远天体发出的光线时，就好似回到了过去，看到的是光离开时这些天体的模样，所以当我们观察本质上相似但离地球距离不等的天体时，便能了解宇宙在不同时期的模样。当然，我们仍然可以对这些观测结果提出异议。射电天文学家发现，射电星系在过去的数量比现在多得多，当他们试图说服宇宙恒稳态理论的支持者时，引发了两个派系间的激烈争论。

关于宇宙大爆炸理论与恒稳态理论的辩论给大众留下了深刻的印象。1950 年由 BBC 推出的一系列电台节目奠定了舆论基调，该系列节目名为《宇宙的本质》（*The Nature of the Universe*），在当时非常受欢迎。弗雷德·霍伊尔是当时的主持人，他在节目中创造了"大爆炸"（big bang）这个词汇，对宇宙学做了贬义描述。他说宇宙起源于过去某个有限的时间，并从一个密集的状态膨胀而来。

这场激烈的辩论终止于 1965 年，因为在这一年，阿诺·彭齐亚斯和罗伯特·威尔逊发现了宇宙微波背景辐射。在一个稳定的宇宙中不可能存在这样的热辐射，因为恒稳态宇宙从未经历过这样高密度且炽热的过去。相反，它通常是冷静而沉寂的。此外，科学家也观测到宇宙中存在大量的最轻元素，这一结果与大爆炸模型的预测相吻合，这些最轻元素诞生于宇宙膨胀之初的前三分钟出现的剧烈核聚变反应。

恒稳态模型无法对这些物质的大量存在提出任何自然的解释，因为恒稳态宇宙从未经历过核聚变反应得以发生的高密度且炽热的早期阶段。

这两项与预测完全吻合的观测结果敲响了恒稳态模型的丧钟，尽管它的一些支持者仍试图以不同的方式来修补该理论，但它再也不能成为宇宙起源模型的候选。大爆炸模型成功地整合了我们对宇宙的观测结果，并确立了它在宇宙起源方面的稳固地位。但人们必须明白，"大爆炸模型"一词的含义只不过描绘了一幅不断膨胀的宇宙图景，它让我们知晓宇宙的过去比现在更加炽热、密度更高，除此之外再无其他。另外，学界还存在着许多不同的宇宙理论学说。宇宙学家的工作则是确定宇宙的膨胀历史，从而确定星系形成的方式，解释为什么星系以星团的方式聚集、为什么宇宙以现在的速度膨胀，解释宇宙的形状以及它内部的物质和辐射间的平衡问题。

THE ORIGIN OF THE UNIVERSE

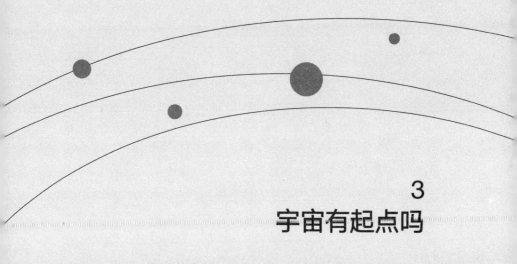

3
宇宙有起点吗

宇宙有起点吗？是的，万物有终必有始，这本不必多言，真正迷人的是那些看似平常的表象之下潜藏着的种种暗流。

案子里的怪异之处总是断案的重要
线索。越是平淡无奇、司空见惯的犯罪
行为，就越难侦破。

——《博斯科姆比溪谷秘案》

（*The Boscombe Valley Mystery*）

宇宙膨胀理论意味着过去曾经发生过一些创世性质的巨
变。如果我们使时光倒流，回溯宇宙膨胀的历史，总是会发
现宇宙有一个"起点"。在宇宙的起始阶段，所有的物质都
相互凝聚在一起：宇宙中的所有质量都被压缩成一个密度无
限大的状态，这个状态便是我们所知的"奇点"。它的存在
为我们过去的历史投下阴霾，也引发了学界对现代宇宙学的
各种形而上学和神学的猜测。

从目前观测到的宇宙膨胀速率和减速速率来判断，奇点
距今只有大约 150 亿年的时间。我用了"只有"这个词是
因为，虽然以人类的标准来看，这个时间尺度已经极度漫

长，但实际上它并不比地球上其他生物的时间尺度长多少：恐龙在 2.3 亿年前还在阿根廷游走；地球上已发现的最古老的细菌化石约有 30 亿年的历史，格陵兰岛地幔中最古老的地表岩石约有 39 亿年的历史，而太阳系初期遗留下来的最古老的岩屑大约有 46 亿年的历史。人类距离地球起源的时间仅仅是距离奇点这个奥秘的时间的 1/3。

20 世纪 30 年代早期，许多宇宙学家不愿意承认宇宙膨胀的事实，因为这一事实将宇宙的起源指向一个具有无限大密度的单一起点。他们主要提出两个例子来进行反驳。第一，如果我们试着将一个气球不停地挤压到更小的尺寸，便会遇到阻碍，最终被气球里相互挤压的分子间的压力击败。当分子能自由移动的空间减少时，它们对边界的挤压力度会增大。宇宙也不例外，宇宙中的物质和辐射为了阻止被压缩到零体积，会对外界产生更大的压力。它们可能会反弹，就像一池相互碰撞的台球。第二，奇点这一概念之所以出现，是因为我们接受了宇宙在各个方向上以相同速率扩张的观点。因此，当我们回溯宇宙的膨胀时，所有的物质都会同时收缩，最终汇聚成一个点。然而，如果膨胀出现些微不匀称（事实正是如此），当我们回溯宇宙的历史时，向内坍缩的物质并不同步，这种情况不太可能产生一个奇点。

当深入探讨这些反对的观点时，宇宙学家也未能推翻奇点存在的设想。事实上，反弹压力的增加实际上有助于奇点的诞生，因为爱因斯坦伟大的相对论表明，能量和质量是等价的（$E=mc^2$）。反弹压力只是能量的另一种形式，因此等同于质量；当质量变得非常大时，便会产生一种引力来对抗反弹压力。试图用抵抗压力的存在来否认奇点的观点是自相矛盾的，这种观点实际上反证了奇点的不可或缺。不仅如此，当爱因斯坦的引力理论被用来寻找宇宙中的其他可能性时，比如宇宙在不同的方向上以不同的速度膨胀，或者不同地区之间存在差异，奇点依然存在。它不只是对称宇宙模型的产物，而且似乎无处不在。

针对奇点这一概念的最后一项异议则较为微妙，直到1965 年人们才对它有了充分的理解。我们以大家都熟悉的地球仪为例来诠释该观点。在地球仪上，地球是一个由经纬线组成的网络，经纬线可以定位地球表面上的任何一个点。当我们向两极中的任意一极移动时，经线开始收敛，且最终相交于两极（见图 3-1）。所以我们看到，在地图的两极，地图坐标已经形成了"奇点"，但地球表面并没有出现特别之处。我们通过选择特定的地图坐标，人为地创建了一个奇点。我们也可以选择其他不同的坐标网格，但无论我们如何选择，地球的两极都没有发生特别的变化。所以，我们怎么知道，在宇宙膨胀的初始阶段显然存在的奇点不是一个用于绘制遥远过去情景的拙劣方法呢？

北极

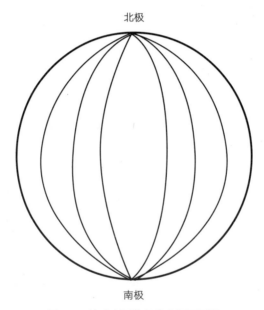

南极

图 3-1　地球表面的经线交汇于两极

注：奇点可能出现在宇宙边缘。这种处理方式巧妙地绕开关于宇宙形状和压力的问题以及同坐标类比产生的模棱两可。尽管这样的奇点可能会拥有极高的密度和温度，正如我们从直觉出发对膨胀的大爆炸宇宙描绘的图景，但它并不一定必须是这样的。

　　为了解答这个疑问，宇宙学家必须严肃地定义奇点。如果将整个宇宙的完整历史（所有的空间和时间）设想为一张展开在我们面前的巨大薄片，那奇点就是特定方位上的一个点，在这个点上，密度和温度变得无限大。假设我们切掉并移除了这些特殊的点，就会得到一个没有奇点的冲孔薄板，这将是另一种可能存在的宇宙。我们会觉得这种设想不切实际。毫无疑问，这样的宇宙在某种意义上是绝无仅有的。如果我们曾经发现过一个非常独特的宇宙，那么怎么知道它在演化过程中并没有以这种人为的方式"删掉"奇点呢？

　　若想解答这个难题，需要抛弃传统的关于奇点的定义，即奇点具有无限的密度和极高的温度。当任何光线穿过空间和时间的路径被完全终止，且不能继续时，我们称这个点为奇点。

　　还有什么能比这种爱丽丝漫游仙境般的经历更令人称"奇"的呢？在路径的终点，光线到达时间和空间的尽头，便从宇宙中"消失不见"。这种定义的美妙之处在于，如果在宇宙的某个点上，密度确实无限大，那么光线的路径会被迫中断，因为空间和时间已经不复存在。但是，如果这样的点已经从宇宙中移除，则宇宙的时空中会留下一个洞，当光线到达这个洞的周边地区时，光线也会停止传播（见图 3-2）。

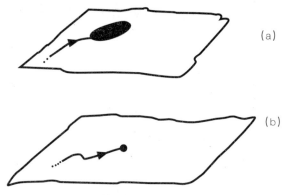

图 3-2　关于奇点和光线的两种设想

注：两张图代表了空间和时间中的宇宙，其中光线的路径到达
　　了终点。在图（a）中，宇宙中被切割出了一个洞，光线到
　　达它的边界。在图（b）中，光线到达一个奇点，在该点上，
　　空间和时间都不复存在。

关于宇宙的起源，还存在其他的情况，比如，它不需要
同时发生在每个地方。如果追溯至宇宙的奇异起源，我们可
能会发现穿越时间的不同路径可能始于不同时刻。目前宇宙
中某些区域的密度较其他区域低，也许便是这一事实的体
现，即密度较低的区域更早地从奇点处出发，相较于其他密
度更高的区域，这些区域有着更为长久的膨胀历史。

20 世纪 60 年代中期，彭齐亚斯和威尔逊发现了宇宙微波背景辐射，从此，大爆炸模型开始得到学界的认真对待。宇宙学家关注的焦点是，宇宙是否始于一个奇点。若想厘清宇宙的起始状态，即时空倒转至不能再继续向前的那一个点，我们就需要研究清楚宇宙是否包含这样的奇点，即时间的起点。

罗杰·彭罗斯证明了这些问题能通过新的几何参数得到解答，在这之前，天文学家从未使用过这种方法。彭罗斯的数学背景及其令人叹为观止的几何直觉，让他能够运用强大的创新方法来解决光线如何运动以及它们能否穿越永恒过去的问题。后来，霍金和其他一些人也加入了他的行列，这其中包括物理学家罗伯特·杰拉奇（Robert Geroch）和乔治·埃利斯（George Ellis）。

彭罗斯指出，如果宇宙中物质所产生的引力一直存在，并且在所有地方都具有吸引力，而且宇宙中有足够多的物质，那么这种物质的引力效应会使人们不可能无限地沿着时间往回追踪所有的光线。

一些（也可能是所有）光线的溯源会止于一个起点，即奇点，这与我们对大爆炸的直观认知是一致的（见图 3-3）。这些严谨的数学推论的美妙之处在于，它们避开了映射坐标和特殊对称性所具有的不确定性，也不需要我们了解宇宙结构的细节，甚至不需要知道万有引力定律。需要强调的一点是，这些推论仅是定理，而不是理论。如果它们提出的关于宇宙本质的特殊假设为真，那么我们仅凭逻辑推理就能确定奇点的确存在于过去。如果这些假设在宇宙中并不成立，我们也不能得出奇点不存在的结论，因为我们根本就不能得出任何关于宇宙起始阶段的结论，这些定理也就不再适用于宇宙。

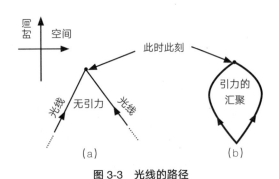

图 3-3 光线的路径

注：（a）在无引力的情况下，光线以固定速度穿越时空的路径；
　　（b）引力的作用让光线原本笔直的路径弯曲。如果宇宙中有足够多的物质，光线会在过去汇聚成一个奇点。

上文这两种假设，即无论何时何地，引力都具有吸引力以及宇宙中有足够多的物质，都极其令人着迷。尽管我们使用了数学语言来表述这两种假设，但它们可以通过观察得到检验。值得注意的是，新发现的宇宙微波背景辐射便能满足宇宙中存在足够多的物质这一假设。现在就只剩下一个需要检验的假设了。

20 世纪 60 年代，学界认为这个假设是完全合理的。因为没有证据可以用来反驳，也没有关于物质在高密度状态下将做何表现的可靠理论来预测某些形式的物质可能出现反引力的情况。在所有我们所知的情况下，引力是物质具有正质量的结果，因此引力也是正密度的结果。

当我们遇到压缩到极高密度的材料，或是以接近光速 c 的速度移动的物体时，必定会再次想起爱因斯坦的方程式：$E=mc^2$。任何形式的能量 E，都有与之相匹配的质量 m，因此，它会感受到其他物质的引力。如前所述，压力是能量的一种形式（来源于分子运动的能量，比如气体中的分子受到挤压释放出的能量），因此也受到引力的影响。由于造成压力的粒子只能在三维空间中移动，引力具有吸引力的等式是，总量 D 等于密度 d 加上 3 倍的压力 p，除以 c 的平方，结果必须为正：即 $D = d + 3p/c^2 > 0$。宇宙中所有常见的物质形式都是如此——辐射、原子、分子、恒星、岩石等。

20 世纪 60 年代末，宇宙具有时间起点的观点被人们接受，并在 70 年代广为传播。当时，数学宇宙学家的大部分工作集中在此类问题上：神秘复杂的奇点附近发生了什么，奇点对附近的物质造成了什么影响？

有趣的是，关于时间起源的推论彻底推翻了循环宇宙理论，循环宇宙会周期性地出现大坍缩，接着进入一个全新的膨胀阶段。如果我们将宇宙的历史追溯到奇点阶段，在奇点面前，再没有所谓的"从前"。我们也无法将宇宙的历史追溯到某个更早的收缩状态，这个想法只能停留在科幻小说之中。

如果宇宙确实起源于一个具有无限密度和温度的物质（即奇点），那么宇宙学家在继续探索的尝试中会遇到许多问题。到底是什么决定了这个宇宙的类型？如果在奇点以前，时间和空间均不存在，那我们如何解释万有引力定律、逻辑定律或者数学定律？它们在奇点之前也存在吗？如果答案是肯定的（当我们将数学和逻辑应用于奇点本身时，似乎就已经承认了这一点），那么，我们就必须承认存在一种比物质的宇宙应用范围更广的理论。此外，若想了解宇宙目前的状态，我们就要明知不可为而为之——了解奇点本身。但奇点是一个独特的事件，如何才能用科学方法检验它呢？

起初，宇宙学家着手研究了我们之前提到的两种可行策略：寻找可能决定奇点性质的原理；或是尝试证明奇点无关紧要，无论宇宙当初如何开始，最终和今天的状态无甚差异。

我们已经重点介绍了宇宙学家关于宇宙的一些发现以及他们想要回答的一些问题。若想解释宇宙中的一些现状，例如，为什么星系以当前的形状和尺寸存在？我们就需要在时间上回溯，利用关于物质在超高密度和温度下形态变化的知识重构宇宙的历史。

我们需要利用过去事件在宇宙中遗留的痕迹，来检验我们的推论正确与否。可惜的是，事情并没有想象的那么简单。因为宇宙毫不留情地掩盖了它的过去，宇宙遥远的历史长河几乎无迹可寻。不过，更深层次的原因在于，我们并不知晓物质在极端温度和密度下的所有运动方式。我们在地球上进行的实验受经济、空间以及可用能量的限制，无法完全模拟宇宙在膨胀开始后的百分之一秒内的环境。

　　这就造成了一种相互矛盾的局面。一方面，宇宙学家寄希望于粒子物理学家提供物质和宇宙微波背景辐射在极高温度下如何运动的解释，这样，重建的宇宙历史就更接近其起始阶段。但另一方面，粒子物理学家仅利用地球上现有的资源无法做到这一点。因为地面粒子加速器无法再现大爆炸产生的能量，探测器也无法捕捉到缥缈的基本粒子。因此，粒子物理学家通过探索宇宙的早期时刻来检验他们的理论。例如，如果他们最新的理论推断出恒星或者星系不可能存在，那么该理论就可以被排除。不过，有一种微妙的平衡正在形成，部分通过验证（甚至未经验证）的物理学正被用于绘制宇宙诞生第一秒可能出现的情况。

　　读者最好把大爆炸后的第一秒看作宇宙发展的分水岭。因为学界相信，在发生大爆炸的第一秒之后，宇宙的温度已经低到地球的物理学能够适用的程度，并且各类现象能够通过实验来测试。不过，我们无法完全复制当时的物理过程，也无法重现在第一秒就决定了宇宙进程的基本粒子，这两个因素让我们无法确切地重建宇宙的历史。这一秒也是宇宙早期决定氦元素宇宙丰度 [1] 的时间，而它的丰度有助于我们探索宇宙在当时是如何膨胀的。

这并不意味着我们能知晓宇宙诞生一秒后发生的所有事件。我们所了解的是从那开始便控制宇宙运行的一般性物理原理和规律，但仍有一系列事件极端复杂，尤其是那些与星系形成相关的事件，我们目前还无法在细节上对其重构。这很像我们对天气系统的了解。即使我们知晓所有控制天气变化的物理原理，也可以解释过去任一气候的变化过程，但不一定能准确地预测天气，即使预测的是明天的天气。因为自然界中存在无数的影响因素在相互作用，它们共同决定了当天的天气状况。我们无法完全知晓当下的状态，所以预测能力就会受到限制。

到了 20 世纪 70 年代末，物质基本粒子的研究开始与天文学和宇宙学相关联。在通常情况下，如果存在某种未被发现的亚原子粒子，即使其作用力太弱而无法在粒子对撞机实验中得到显现，但它会在宇宙学上产生很大的影响力。这

---

① 宇宙丰度是描述天体性质的一种重要物理量。丰度是指一种化学元素在某个自然体中的重量占这个自然体总重量的相对份额。——编者注

样，我们便可利用来自天文学的证据排除许多新基本粒子的存在。

　　日内瓦欧洲核子研究中心（CERN）的高精度实验所得的结果与描述宇宙诞生初期核聚变反应的宇宙学理论相互印证，这有力地证明了宇宙学和基本粒子物理学之间的共生关系。该中心的研究表明，有一种叫作中微子的基本粒子存在数种变体。中微子常被称作"幽灵粒子"，因为它们与所有其他物质的相互作用极其微弱，很难被探测到。事实也的确如此，就在当下的这一刻，有许多中微子正在穿过你的身体，而你却浑然不知。物理学家早就知道存在两种中微子——电子中微子和μ中微子，这两种中微子已经被无数的加速器实验直接探测到了。第三种中微子是τ中微子，我们不能直接对其进行观测，只能通过其他粒子的衰变间接地指明它的存在。因为产生一个τ中微子需要消耗很多能量，所以目前我们还不能对其进行直接探测。仅凭这些，我们就能够确定τ中微子真的存在吗？[1] 世界上还存在其他我们尚未发现的中微子类型吗？

————————————

[1] 2000年，美国费米实验室发现了第三种中微子——τ中微子。——编者注

我们先来看看科学家是如何使用天文观测的数据来确定中微子的种类的。然后，我们可以将该结果同欧洲核子研究中心最近的实验进行比较，后者直接检测出了结果。

自 20 世纪 70 年代以来，宇宙学家一直假设中微子有且仅有三种，并在阐明宇宙年轻时代组成成分的主要理论模型中，将其作为一个具体构成部分。对宇宙学家而言，知晓自然界中中微子的种类非常重要，因为这个数据决定了宇宙早期辐射和物质的总密度，而这又反过来决定了宇宙膨胀的速度。宇宙学家充分利用这些信息来探索宇宙在 1 ～ 1 000 秒发生的所有细节。在宇宙的这段短暂的发展史上，膨胀的宇宙具有足够高的温度产生核反应，将中子和质子以不同的方式融合在一起产生最轻质的元素。

在这段时间以前，宇宙的温度太高，以至于任何比氢元素重的元素（氢由一个质子组成）一旦形成就会被分解（氢原子核也会消失，当时宇宙距诞生还不到一微秒）。在最初的 10 秒内，由于被高温分解，轻元素的积累是很缓慢的，但在 100 秒后，这种积累在剧烈的核聚变反应中达到高潮，然后因温度和密度的降低被迅速叫停。1 000 秒之后，一切都归于平静。

若想预测这些核聚变反应的结果，我们需要知道当时存在的质子和中子的相对数量。这个数字将决定由它们构成的原子核的最终丰度：氘，是氢的一种同位素，它拥有 1 个质子和 1 个中子；氦有 2 个同位素，其中一个拥有 2 个质子和 1 个中子（氦-3），另一个拥有 2 个质子和 2 个中子（氦-4）；还有锂，由 3 个质子和 4 个中子组成。

当宇宙的年龄小于 1 秒时，宇宙中质子和中子的数量应该保持一致，因为它们之间所谓的弱相互作用力会使质子和中子相互转换，数量保持平衡。但是，当宇宙诞生 1 秒之后，其膨胀的速度变得异常快，弱相互作用力将无法维持中子和质子之间数量的完美平衡。不过，将质子变成中子要比将中子变成质子困难一些，因为中子比质子的质量稍大一点儿，因此产生 1 个中子需要更多的能量。

随着弱相互作用力的停止，质子和中子的数量也趋于稳定：二者之间的比率是 7∶1。距大爆炸大约 100 秒之后，核聚变反应开始将这些中子与质子结合成原子核，形成氘、氦和锂。大约 23% 的物质最终成为氦-4，其余的几乎都成为氢，十万分之几的部分存在于氦-3 和氘的同位素中，一百亿分之几的部分存在于锂中（见图 3-4）。

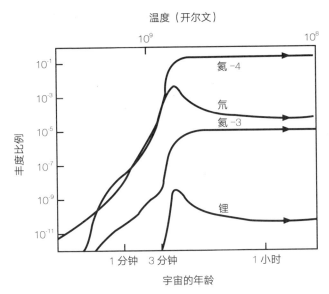

温度（开尔文）

图 3-4　宇宙中最轻元素的形成时间

注：宇宙历史的前 3 分钟，从质子和中子中产出的最轻的元素。
当温度下降到 10^9 开尔文以下时，核聚变反应便迅速发生。
随后，由于膨胀过程中物质的温度和密度迅速下降，核聚
变反应终止。

　　天文观测证实了氦、氘和锂在宇宙中的上述宇宙丰度。
最简单的大爆炸模型和我们的天文观测惊人一致。显然，这
种一致性建立在自然界中只有 3 种中微子的假设基础之上。
如果中微子的数量有 4 种，早期宇宙的膨胀率会增大，当弱

相互作用力停止时，质子和中子的比率会下降。因此，从早期宇宙中产生的氦的最终丰度也会相应地增大。已经有非常详尽的研究将所有观测结果以及不确定性考虑在内。因此，宇宙学家声称，与我们所知的 3 种中微子相似的第四种中微子不可能存在（见图 3-5）。

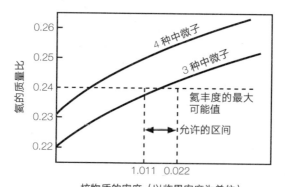

图 3-5 氦-4 在不同密度下的丰度

注：此图以"结束"宇宙剧烈变化时期的临界密度为单位，描述了早期宇宙所产生的氦-4 在不同密度下的丰度。当存在 3 种或 4 种中微子时，氦的产生量如图 3-5 所示。宇宙中以氦-4 形式存在的质量分数为 0.22 ～ 0.24。当物质密度为临界密度为 0.011 ～ 0.022 时，氦-3、氘、锂-7 的丰度也与所观测的结果保持一致。这个密度范围也与今天我们在恒星和星系中观测到的物质密度一致。4 种中微子的存在意味着宇宙中氦的丰度比实际上限（0.24）高得多。只有当宇宙中只存在 3 种中微子时，观测结果与预测结果才保持一致，为 0.235 ～ 0.240。

　　欧洲核子研究中心的实验也证实了这一预测。该中心监测了大量短寿粒子，即 Z 玻色子。每个 Z 玻色子的质量约为质子的 92 倍，它们会迅速衰变为更轻的粒子，比如中微子。如果中微子的种类大于三，则 Z 玻色子的衰变路径便会增多，那么它们消失的速度就会越快。欧洲核子研究中心的实验人员监测了大量 Z 玻色子的衰变，以确定它们衰变为多少种中微子。答案是 2.98±0.05。考虑到实验的不确定性，宇宙中似乎真的只有三种中微子。

　　这是一个展现粒子物理学和宇宙学如何互补的完美例证，它丰富了我们对整体宇宙的理解。对最轻元素丰度的正确预测是宇宙大爆炸模型的最大成就。这些预测捕捉到了宇宙刚诞生一秒时结构的微小变化，使我们能够推断出当时宇宙的可能状态。例如，如果宇宙以不同的速率向不同的方向膨胀，或者在整个空间中包含强磁场，那么膨胀速率就会增加，氦的丰度将大大超过我们现在所观测到的结果。根据观测，相比于宇宙微波背景辐射，太空中的最轻元素可以追溯到更久远的过去。因此，太空中的最轻元素是我们探索宇宙在膨胀开始一秒后可能状态的最强大探测器。

　　通过对宇宙初始核聚变反应的研究，我们得出了一个更为深刻的结论：计算早期宇宙中所形成的元素的丰度，其实并不需要知晓宇宙的初始状态，只需知道质子和中子间的弱相互作用力停止时宇宙的温度即可，因为它们两者间的相对丰度由此决定。

这是大爆炸宇宙的显著特征。热平衡的状态确保其温度精确地决定了不同粒子的丰度和辐射强度。而这一事实直到 1951 年才得到学界的充分认可。在此之前，许多宇宙学家认为，宇宙早期的元素丰度取决于宇宙初始状态下质子和中子的相对数量。但事实并非如此。在宇宙诞生 1 秒之前，质了和中子的数量是相等的。无论过去如何，有些事物都会演变成现在的样子。

THE ORIGIN OF THE UNIVERSE

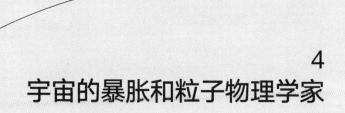

4

宇宙的暴胀和粒子物理学家

你的进展如何？不要心急，魔鬼就藏在你忽略的
细节里。看到那些虚无缥缈的尘埃了吗？它们才是你
要找的关键证据。

　　长久以来，我的座右铭就是，不起
眼的小事情往往无比重要。

　　　　　　　　　　——《身份问题》
　　　　　　　　　　（*A Case of Identity*）

　　20 世纪 70 年代中期，宇宙学开始朝新方向发展。1973
年，粒子物理学家发现了一个能够解释物质在极端条件下如
何运动的有效理论。在此之前，他们认为，物质之间的相互
作用力将随着能量和温度的增加而变得更强烈，同时也会变
得更为复杂。因此，他们热衷于研究大爆炸发生后第一秒宇
宙的环境到底如何。解决问题的需求变得迫切起来。然而，
他们对基本粒子之间高能的相互作用力的研究成功地表明，
随着温度和能量的上升，这些相互作用力会变得更弱，也更
简单，这种性质被称为"渐近自由"（asymptotic freedom），
因为如果外推的能量处于无限大的状态，中性粒子之间的相
互作用力将不复存在。

研究基本粒子的物理学家开始将 4 种基础的自然力（引力、电磁力、强相互作用力和弱相互作用力）纳入某种统一的理论之下。1967 年，科学家首次发现，理论中的弱相互作用力（表现为某种放射性物质）和电磁力相互缠绕。但直到 1983 年，欧洲核子研究中心发现的两个新型基本粒子才证明了"电弱统一理论"（electroweak theory）的正确性，因为该理论预测了这两种粒子的存在。现在，科学家正在寻找将强相互作用力（使原子核结合在一起的力）纳入已有体系的方法，从而形成一个只缺少引力的"大统一理论"（grand unified theory）。

乍一看，这些将各种力统一起来的尝试注定会失败，因为自然界的这些基础的自然力所具有的能量大相径庭，并且作用的粒子群也各不相同。这些完全不同的东西怎么可能具有相同的本质呢？答案是：自然力的强度会随着温度的变化而变化。

所以，尽管自然力在我们所生活的低能量世界中的表现各不相同，但当我们向更高温度的环境探测时发现，它们的性质会慢慢发生改变。被学界认可的理论预测，强相互作用力和电磁力在极高的能量下将趋于相等，这个能量值为 10^{15}

吉伏特，对应的温度约为 10^{28} 开尔文，超过地球上所有地面粒子对撞机产生的温度，该温度大致等同于早期宇宙在诞生 10^{-35} 秒时经历的能量强度。

我们或许能够通过探索大统一理论在宇宙学方面的影响来检验它是否具有物理学上的意义。此外，宇宙学家可能也会发现，这些关于基本粒子行为的全新预测揭示了某些我们无法解释的宇宙特性。

如前文所述，因为自然力的强度随温度的变化而变化，大统一理论克服了不同强度的力的统一问题（见图 4-1）。不过，还有一个问题必须克服，即每个力作用的基本粒子分属于不同的类别，为了实现这些力的完全统一，不同的粒子必须实现彼此间的相互转化。这就需要存在质量巨大的中介体，它的质量大到只有当宇宙处于粒子能够相互碰撞的温度时，才会大量地显现。

大统一理论预测，必定存在两种新型重粒子。第一种粒子我们称为 X 粒子。它与任何已知的基本粒子都不同，可以将物质转变为反物质。这种特性使大统一理论能够解释存在于宇宙中的奇怪的不平衡。

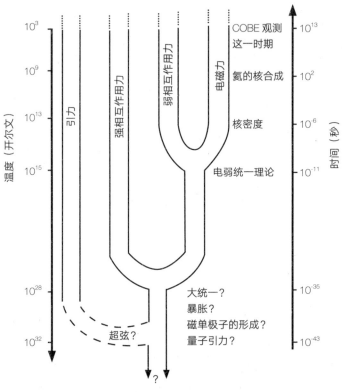

图 4-1 宇宙第一个 100 万年的温度变化

注：当你沿着宇宙的历史往回追溯得越来越早时，预期会见到
的宇宙早期温度的演变。当温度增高时，自然力的有效强
度也会增大，预期将会出现各种力的统一。

自然界中，除了光子以外，所有基本粒子都具有一个相对应的反粒子，它的属性与该粒子完全相反，就好比磁铁的正极和负极是相反的一样。尽管粒子物理学家在实验室中已经成功地造出了粒子和反粒子，但当观测太空或者收集宇宙射线时，只发现了地外正物质存在的证据，而地外反物质存在的证据难以搜寻。

这样看起来，宇宙似乎是由物质主宰的。如果宇宙的现状便是如此，宇宙学家便会推断，宇宙的起点也必定是如此，因为似乎不存在反物质转化为物质的渠道。换句话说，宇宙的起始阶段一定有一个不对称的初始状态，这样才能解释目前我们观察到的不平衡。然而，通过假设一种特殊的初始不对称状态来解释当前的不对称，似乎对探索宇宙毫无帮助。我们可以想象到的唯一自然的"初始状态"似乎就是正物质和反物质数量相等时的状态。然而，这种状态似乎无法转变为我们现如今所观察到的不平衡。

这就是大统一理论需要X粒子发挥作用的地方。X粒子在强弱电力的统一中起到了中介作用，它允许物质转化为反物质。然而，X粒子及其反粒子的衰变速度并不相同。因此，在宇宙非常早期的时刻，一个完美平衡的初始状态（正物质和反物质数量相同的状态）可以通过衰变向一个不平衡的状态转变。

1977—1980 年，正反物质的不对称性问题引起了粒子物理学家探索早期宇宙的极大兴趣，他们都想找到可能的解决方案。但也有一些坏消息，人们却对此视而不见。请记住，在宇宙的最初时刻，X 粒子是不可避免地产生的两种粒子之一。虽然 X 粒子很快便衰变为夸克和电子，并且居于我们今天周围的原子之中，但第二种粒子却是多余的，并且不会消失，它就是被称作"磁单极子"的一种粒子。

若想产生一个像我们这样的宇宙，一个包含我们熟悉的电磁力的世界，则磁单极子这种无用粒子是任何大统一理论所必需的，由于与电和磁有着联系，这种无用粒子不能通过对理论结构的修正得到消除。相反，一旦磁单极子形成，我们必须找到某种方法将其从宇宙的早期时刻移除，因为目前还没有证据能够表明它们存在于当前的宇宙。更糟糕的是，如果它们继续存在，对宇宙密度的贡献值将是恒星以及星系中所有普通物质总和的 10 亿倍。这样带来的结果就是，我们生活其中的宇宙将不复存在。因为数量如此庞大的物质，无论它以何种形式存在，都将导致宇宙的膨胀减速，并在数十亿年前坍缩成一场大爆炸。

如果宇宙真的以这种方式演进，则星系不复存在，恒星不复存在，更遑论人类的存在。问题到此变得非常严峻。我们如何才能在大统一理论中摆脱这些多余的磁单极子，或是以何种方式抑制它们的产生呢？这个问题的答案将掀开我们思考宇宙的新篇章，不仅如此，对该问题的思考也将彻底改变我们对宇宙起源的理解方式。为了理解这一变化带来的深远影响，我们需要探索今天所看到的宇宙是否就是宇宙的全部，为何它目前以如此神秘的形式存在。

当我们谈论宇宙时，必须搞清楚一个重要的区别。宇宙的确存在，万物皆包含于此。就大小而言，它可能是无限的，也可能是有限的。我们对此其实并不明了。此外，可能存在一个可见宇宙，它是宇宙中有限的一部分，自宇宙开始膨胀以来，光有足够的时间到达地球（见图 4-2）。我们可以将可见宇宙想象成一个半径为 150 亿光年的假想球，地球位于球的中心。随着时间的流逝，可见宇宙将变得越来越大。

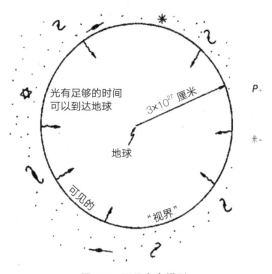

图 4-2　可见宇宙模型

注：可见宇宙的定义是，自宇宙开始膨胀以来，光能够到达地球的一个球形区域。当前这个球体的半径是 3×10^{27} 厘米。

我们来追溯一下构成当前可见宇宙区域的历史。可见宇宙一直在参与宇宙的膨胀，所以它所包含的物质（足以构成今天的 1 000 亿个星系）在过去被囊括在一个比现在小得多的区域之中。当这个区域的半径随着宇宙的膨胀而增大时，它内部的辐射温度与其大小成反比，这符合大众知晓且经过测试的热力学第二定律。这也意味着我们可以用辐射温度作为度量标准，去衡量当前可见宇宙在过去的大小。如果它的大小翻倍，则辐射温度就会减半。

我们选择一个非常早期的时间点，将其当作三大基本自然力实现大统一的时间点。

这是宇宙温度大到足以产生 X 粒子和磁单极子的时期。当时的温度相当于 $3×10^{28}$ 开尔文，此时是宇宙开始膨胀后的 10^{-35} 秒。

经过 10^{17} 秒的膨胀，今天的宇宙辐射温度已经下降到 3 开尔文。自早期那个时刻以来，温度已经改变了 10^{28} 个量级。当前可见宇宙内的所有物质在当时被包含在一个比当前的可见宇宙小 10^{28} 个量级的球体之中。当前可见宇宙的半径由它的年龄乘以光速得出，如图 4-2 所示，这个半径大约是 $3 × 10^{27}$ 厘米。因此，在大统一时期，可见宇宙中的一切在刚开始时都被囊括在一个半径为 3 毫米的球体之内！

虽然这个数字看起来非常小，但它实际上大得惊人。因为，在这个时刻，光自宇宙膨胀开始以来走出的距离是：

3×10^{10} 厘米 / 秒，乘以 10^{-35} 秒，得到的距离为 3×10^{-25} 厘米（见图 4-3）。这是自宇宙膨胀开始以来，任何信号所能达到的最大距离，我们称为视界距离（horizon distance）。

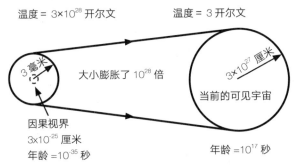

图 4-3　可见宇宙的膨胀历史

注：如果追溯可见宇宙的膨胀历史，在它刚诞生 10^{-35} 秒时，整个宇宙是一个半径为 3 毫米的区域。虽然听起来小得不可思议，但在这个阶段，光只传播了 3×10^{-25} 厘米。这就定义了此时的"因果视界"（causal horizon）。

如果起着摩擦或平滑作用的过程正在消除宇宙初始状态中的任何不规则现象，那么视界决定着任何时候这种平滑作用的最大限度，因为这些过程的速度不可能超过光速。问题是，在早期时刻，那个膨胀成当前可见宇宙的区域比视界距离要大得多。难题和麻烦就此产生。

难以理解的是，如果说原先的宇宙是由数量巨大且彼此完全独立的区域拼合起来的（因为从某种意义上来说，自宇宙诞生以来，光还没有足够的时间从一个区域穿梭到另一个区域），我们如何解释如今所处的宇宙，它的每一处以及从天空望出去的每个方向都能展示出令人难以想象的一致性。

如果没有足够的时间进行热量或者能量的传递以实现彼此之间的一致性（宇宙微波背景辐射的各向同性说明了这一点），它们是如何达到相同的温度和膨胀率的呢？我们似乎只能得出这样的结论：最初的状态就是这样的，宇宙创世的最开始，每个方向的状态便是完全一致的。

我们需要搞清楚的问题是磁单极子的普遍性。这些粒子出现在早期宇宙中能量场指向失配的地方。只要这些能量场的指向存在某种失配，就会形成一个能量结，即我们所说的"磁单极子"。此时的视界大小为 3×10^{-25} 厘米，这说明这些能量场可以实现均衡，从而避免失配的发生。但在当时，那个将要膨胀为当前可见宇宙的区域是该视界的 10^{24} 倍。因此，这其中应该包含了大量的失配，导致今天可见宇宙中存在数量难以估计的磁单极子。这就是所谓的"磁单极子问题"。

还原这些细节以及思考当时发生的情况是非常有意义的。物理学家已经设计出关于物质在高温下如何运动的详细理论。

这些理论被应用于探索宇宙的初始状态。我们用它们重现宇宙诞生最初的瞬间时，取得了令人雀跃的新发现，比如，该发现解释了宇宙是如何青睐正物质而非反物质的。这个理论也预测了宇宙中存在大量新物质粒子，这些粒子被称为磁单极子——一种并不存在的假设物质。

科学家预测，磁单极子数量庞大的原因在于，当前的可见宇宙在扩张的初期便是从一个距离远大于当时光所能传播的距离的区域扩张而来，因此必然会包含很多能量失配现象，从而产生大量磁单极子。

大统一理论取得的成功给了物理学家相当大的自信，所以，他们非但没有在磁单极子问题面前望而却步，反而将这个问题搁置一边，继续探索这些理论的其他性质，希望能够像米

考伯先生 [1] 那样，等到转机的出现。最终结果确实不负所望。

1979 年在斯坦福直线加速器中心（Stanford Linear Accelerator Center）[2]，年轻的美国粒子物理学家艾伦·古斯（Alan Guth）偶然发现了解决这个问题的方法，并使大统一理论与我们已知的宇宙相容，这个方法就是宇宙暴胀理论。从那时起，古斯的这个理论就成为早期宇宙的研究焦点之一，并发展成为一门独立的学科，以研究他的基本思想如何实现。

磁单极子问题是早期宇宙中存在极小视界的结果。大统一时期的视界范围本应是从之前的极小视界扩大到一个直径不超过 100 千米的区域。若想将这个视界扩大到今天可见的大小，宇宙就需要在早期以更大的速度膨胀。这便是古斯的暴胀理论提出的内容。该理论认为宇宙在早期阶段经历了一个短暂的加速膨胀阶段。这个阶段非常短暂，大致从 10^{-35} 秒到 10^{-33} 秒就已足够（见图 4-4）。

---

[1] 米考伯是《大卫·科波菲尔》中的人物，他性格乐观又爱慕虚荣、喜好挥霍，负债累累，还因此而入过狱。但他也有善良正直的一面，因勇敢地跟黑恶势力斗争，揭露他们的阴谋，使获救者免于受害，为了感谢他，获救者资助了他一大笔钱帮他在事业上取得了成功。——编者注

[2] 2008 年 10 月正式更名为"SLAC 国家加速器实验室"。——编者注

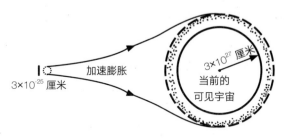

图 4-4　宇宙加速膨胀的过程

注：暴胀使早期宇宙快速膨胀，使大小仅为 3×10^{-25} 厘米的区
　　域膨胀到当前可见宇宙的规模。可以将此图与图 4-3 中宇
　　宙缓慢的膨胀历史进行比较。

　　如果这种加速确实存在，那么当前的整个可见宇宙便是
从一个非常小的区域暴胀而来的，这个区域在膨胀之初小到
光可以轻易穿越。宇宙的平滑性以及各向同性问题也因此得
到解决。最重要的是，磁单极子大量存在的问题将不复存
在，因为可见宇宙是从一个非常小的区域暴胀而来的，而这
个区域在最开始的阶段小到最多可以包含一个磁单极子失配
的产生。这样，磁单极子的问题便得到了解决。

　　可见宇宙的均匀性问题并非是由于新理论的提出，或是
通过一些理论规定宇宙在初始状态便以这种精心有序的形式
存在，它之所以呈现出惊人的一致性，仅仅是因为它只是暴

胀宇宙极小的一部分，这个部分由于其狭小的面积，在当时从炽热变为冷却的过程中，受到携带巨大能量的平滑作用的影响，从而促使该区域的一致性保留至今。其实，宇宙的不均匀性可能仍然存在，只是存在于我们的视野之外。它们没有就此消散，只是被宇宙的演进"扫"到了我们看不见的地方而已。

虽然短暂的暴胀时期只是对整个宇宙历史的一个小注解，但它却有着重大而深远的意义。我们已经讨论了罗杰·彭罗斯、霍金、罗伯特·杰拉奇和乔治·埃利斯的奇点理论，该理论建立在这样一个假设之上：无论何时何地，物质都会对其他物质施加引力。我们还描述了引力是如何要求总量 D 为正，即宇宙中的密度和压力之和为正。

如果事实确实如此，那么整个宇宙的膨胀都会减速，这是所有大爆炸模型在膨胀理论提出之前的预期。无论宇宙在膨胀开始时的速度有多快，无论它们是无限膨胀下去还是走向大坍缩，引力的作用都在减缓膨胀的速率，因为所有物质都在对其他物质施加引力。所以，如果一个理论想让早期的宇宙经历短暂的加速膨胀，引力在当时就必须充当暂时的斥力，因此总量 D 就必须暂时为负。

　　这是暴胀宇宙理论的基础：它在解释了宇宙均匀性的同时，解决了磁单极子的问题。该理论建立在反引力物态存在的基础之上，它们的存在为大爆炸发生后短暂的加速膨胀创造了条件。如果在自然界，我们无法找寻到这种物质存在的证据，这个理论便是不成立的。不过，它们确实存在。在下一章，我们会介绍一些与其有关的远古遗迹，它们还留存在宇宙之中，作为过去暴胀时代的见证。

　　20 世纪 60 年代，科学家理所当然地认为，所有形式的物质都具有引力而非斥力。然而，到了 20 世纪 80 年代，宇宙学家开始相信，高密度的物质具备斥力产生的条件。而产生这种大反转的原因同样源自粒子物理学家开启的粒子物理学新天地，他们的理论预测出存在某种新物质形式，它们能够产生非常大的负压。这些负压产生的力足以超过由密度产生的引力，万有斥力便由此产生（即总量 D 为负值）。

　　如果这种形式的物质不仅存在于科学家的草稿纸上，而是真实存在于现实之中，那么当宇宙膨胀时，它们的强度会随着膨胀非常缓慢地增加，最终对膨胀施加反引力效应。因此，膨胀将开始加速，宇宙将发生暴胀，直到与此相关的物质场衰变为更普通的物质形式，或者衰变为仅具有万有引力的辐射形式。然后，宇宙的膨胀将恢复到暴胀开始前的减速状态，也就是现如今我们所经历的状态。这就是暴胀宇宙在极早期宇宙演化过程中的本质（见图4-5）。

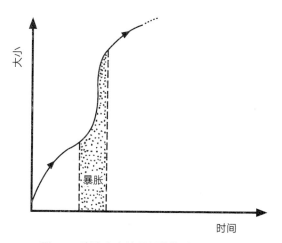

图4-5　膨胀宇宙的半径随着时间的变化

注：宇宙暴胀的周期在这幅图中被大大地延长了。在实际情况中，它只需要从膨胀开始的 10^{-35} 秒持续到 10^{-33} 秒。宇宙现在的年龄大约是150亿年。这幅图显示了宇宙膨胀是如何以减速的方式开始，然后在暴胀发生时出现一段时间的加速，直到暴胀结束后重新回到减速膨胀的状态。

这幅关于宇宙的历史演化图对宇宙学家具有巨大的吸引力，原因有很多。比如，暴胀理论解决了磁单极子的问题，不仅如此，它也让我们在最大观测尺度上理解宇宙的均匀性。同时，暴胀理论还对可见宇宙的现状做了两个预测，它们将决定该理论到底是对还是错。

为了解决磁单极子的问题，暴胀持续的时间必须达到当时宇宙年龄的 70 倍，就是这直径仅有 1 毫米的早期宇宙产生了当前可见宇宙所需要的东西。这种暴胀带来的一个重要结果就是，宇宙膨胀的速度加快，持续的时间也变得更长。

如果没有暴胀的发生，宇宙在收缩之前只会自然地膨胀一小会儿。但如果发生暴胀，则这种膨胀很容易持续超过万亿年。暴胀使不断膨胀的宇宙非常接近之前所说的临界点，即区分永远膨胀的宇宙与注定回到大坍缩的宇宙之间的分界点。因此，暴胀理论为可见宇宙奇异地接近临界点的现象提供了一种自然的解释（见图 4-6）。

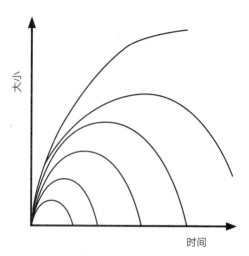

图 4-6　不同封闭宇宙及其生存周期的组图

注：宇宙膨胀的时间越长，就越接近临界值。

如果暴胀的时间长到足以解释为什么我们没有发现任何磁单极子，那么我们应该会发现，目前的膨胀速度与临界值的差距不超过百万分之一，也就是可见宇宙的平均密度与临界值的差距不超过百万分之一，即不超过 2×10^{-29} 克物质 / 立方厘米。

这个数据十分有趣，原因有二。第一，如果宇宙的密度非常接近临界值，我们将永远无法确定当前的宇宙是处于开放还是封闭的状态，因为我们无法以百万分之一的精度测量宇宙可见部分的密度。但更有意思的是第二个原因——目前观察到的发光物质的密度至少小于临界值的 10 倍。

如果宇宙暴胀理论是正确的，则意味着宇宙中可见部分的大部分物质必须以某种不发光的形式存在，而非以闪亮的恒星和星系的形式存在。这个结论备受学界的欢迎，因为长期以来，宇宙学家一直饱受这一问题的困扰：对恒星和星系运动的观察表明，这些物体的运动速度超过它们本该被附近发光物质施加的引力造成的移动速度。很明显，它们周围存在着大量黑暗的、无法看见的物质，它们对星系和恒星施加的引力决定了我们所看到的恒星和星系的运动轨迹。

对于上文提到的数据，我们的第一反应是，假设恒星和星系之间存在更多的暗物质，它们或许以微弱的星光岩石、气体、灰尘和其他碎片的形式存在，但没有整合到恒星形成的过程之中。这意味着仅凭一张宇宙光线分布图并不能很好地说明宇宙中的物质分布情况，这种情况我们并不陌生。

举个例子，如果我们从太空中看地球，并绘制一张夜间灯光分布图，便会发现，它并不能非常准确地对应全球的人口密度分布。相反，它反映的是财富的分布。西方的大城市在夜晚灯火通明，繁华无比，但第三世界的人口中心则一片漆黑。

然而，在宇宙中，事情并非这么简单。尽管我们认为，"宇宙中存在大量的普通原子和分子物质，并且以非发光的形式散布在宇宙各处"，但大自然似乎并不同意我们的观点。而宇宙膨胀理论的基石之一就是，我们有能力详细预测在宇宙诞生几分钟之时发生核聚变反应的系列结果。

这些计算结果与我们所观测到的氢、锂、氘以及氦的两种同位素的丰度惊人一致。这告诉我们，参与这些核聚变反应的物质的密度必须不超过临界密度的 1/10。如果实际密度大于这个值，核聚变反应将会把大量的中子合并到氦 -4 中，这样的结果就是，作为副产品遗留下来的氘和氦 -3 原子核将比我们今天观察到的数量少得多。

氦 -3 和氘的丰度是衡量宇宙中核物质密度的敏感指标。它们告诉我们，如果宇宙中隐藏着使其接近临界密度的暗物质，这种物质就不能以任何形式参与核聚变反应。这也意味着暗物质必须以类似中微子的形式存在。中微子不带电荷，因此不受电磁力的影响。这种物质也不会受到强相互作用力的影响，只能受到引力和弱相互作用力的影响。

　　宇宙中有三种不同类型的中微子，但从未发现哪一种中微子的质量不是为零。不过，相应的证据并不充分，因为中微子的相互作用力极其微弱，对它们开展质量测量的实验异常困难，而且中微子可能拥有的质量太过微小，检测的仪器的灵敏度也会跟不上。但是，粒子物理学家能带来的可远不仅于此。

　　例如，物理学家尝试统一所有的自然力，因此预测宇宙中存在弱相互作用大质量粒子（Weakly Interacting Massive Particles，简称 WIMPs），这种粒子我们尚未在实验中发现。日内瓦新粒子对撞机建设的目标之一就是发现这类大质量粒子。

　　如果三种已知的中微子的质量之和不超过 90 电子伏（一个氢原子的质量约为 10 亿电子伏），宇宙中所有的中微子将会导致宇宙密度超过临界值，那么宇宙将走向"闭合"，也就是说，在未来它注定会走向坍缩。同样，如果弱相互作用大质量粒子的确存在，而且质量为氢原子的两倍，则大爆炸理论预测，它们的累积密度之和将等于"闭合"宇宙所需的密度。

然而，如果宇宙主要由这些弱相互作用大质量粒子组成，我们可能会提出疑问，为什么不能直接探测到它们，然后一劳永逸地解决这个问题。很可惜，我们无法对已知宇宙中的中微子进行直接探测，因为它们的质量太小，导致它们与我们的探测器的相互作用太过微弱而无法观测。

所以，我们能做的就是在实验室中测量中微子的质量。利用能量的撞击，使它们对其他粒子施加的影响被仪器观察到，同时也测试它们会与发光物质的集群发生什么反应，通过比较聚集过程的计算机模拟，测试我们对此的预测是否正确。然而，如果组成暗物质的正是这些弱相互作用大质量粒子，那么事情就更令人兴奋了。这些粒子的质量是已知中微子的 10 亿倍，它们应该能够以更大的能量撞击探测器。事实上，如果这些粒子的数量大到足以构成暗物质，我们就有能力探测到宇宙中由这些粒子形成的海洋。

位于英国和美国的几个实验小组建造了地下探测器，为的是发现弱相互作用大质量粒子的宇宙海洋。当其中一个粒子撞击到晶体中的原子核时,它会使原子核反冲,并利用沉积下来的能量对晶体进行轻微的加热,从而留下信号。如果我们在这类情况下只监测 1 千克的物质,那么每天应该会发现这种信号 1 ~ 10 次。

如果屏蔽掉所有其他信号 [1],那么就有可能确定弱相互作用大质量粒子是否存在于我们周围。这种屏蔽通过将探测器深埋于地下实现,同时还要置于冰箱内部将其冷却到绝对零度左右,并在冰箱周围放置吸附性材料(见图 4-7)。

在接下来的几年里,我们希望看到此类实验的第一个成果。它将以意想不到的方式揭开宇宙的神秘面纱。宇宙到底是开放的还是封闭的题,可能取决于最小物质粒子的性质,也可能取决于地球上矿井底部的情况,而不是取决于观察天空的望远镜。大星系可能只是宇宙浩瀚物质海洋中的一滴水珠。

---

[1] 比如宇宙射线、放射性衰变以及其他地球事件的信号,这些信号将淹没我们的探测器。

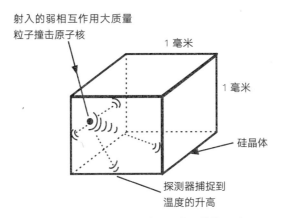

图 4-7　探测弱相互作用大质量粒子的物理过程

注：一个边长为 1 毫米的小晶体被冷却到绝对零度以上的百分
之几开尔文，射入的弱相互作用大质量粒子撞击晶体中的
原子核，原子核反冲，但速度很快减慢，然后以冲击波的
形式释放出反冲产生的能量。这个冲击波使晶体升温，虽
然幅度很小，但却能够被探测器捕捉到。

这些物质中的很大部分也许足以使空间弯曲成闭合状
态，其形式也可能与我们在粒子加速器中发现的任何物质截
然不同。这将是地球在物质宇宙中地位的最后一次改变。地
球不仅不是宇宙的中心，甚至构成地球的物质都不在宇宙中
占主导地位。

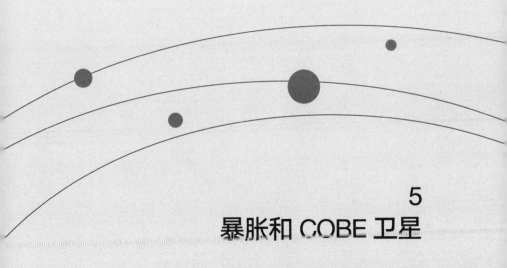

THE ORIGIN OF THE UNIVERSE

5

暴胀和 COBE 卫星

工具，别忘了你随身带着的工具，要知道，它们
可不只是一些样子怪诞的装饰品。

这是一个相当棘手的问题，我希望
你能在 50 分钟内保持沉默，不要和我
说话。

——《红发会》

（*The Red-headed League*）

1992 年春天，美国国家航空航天局的 COBE 卫星探
测到宇宙微波背景辐射温度的微小变化，这一消息使全世
界的新闻媒体兴奋不已。通过监测地球大气层上方的辐射，
COBE 卫星避免了大气变化造成的虚假浮动，因此获得的结
果比任何在地球上进行的类似实验都更为精确。

COBE 卫星要做的就是，以大于 10 度的角度不断地来
回切换对准天空的探测器（为了比较，对准满月的角度比对
准天空的要少半度），确定不同方向的宇宙微波背景辐射的
温度差。这些微小的温度变化到底意味着什么呢？为什么每
个人都对这个消息如此兴奋？一些夸张的评论员甚至声称

COBE 卫星的这项数据是有史以来最重要的科学发现。

利用对物理基本原理的了解，我们可以理解恒星和行星等的结构。但当涉及星系时，我们的理解就有些模棱两可。因为我们不知道用类似的方法来确定不同自然力之间的平衡，是否足以解释星系和星系团为何具有它们所显示的质量、形状和大小。答案是我们无法确定。星系和星系团是由物质组成的岛屿，其中物质的密度远远大于外部宇宙的平均密度。

例如，银河系的平均密度大约是宇宙平均密度的 100 万倍。这种不规则的存在并不是什么神秘的现象。如果我们将物质完全均衡地分布，并引入一个微小的不均匀性，它就会像滚雪球一样，变得越来越明显。因为任何物质稍微过剩的地方都会产生更大的引力，从而吸引更多的物质，而代价是密度稍小的区域的密度会越来越低，而且这个代偿将会不间断地继续下去。

这个过程被称为"引力不稳定性"（gravitational instability），300 年前，牛顿首次发现了这个现象。无论宇宙膨胀与否，引力不稳定性都在发挥作用。尽管在膨胀的宇宙中，物质的

聚集需要花费更长的时间，因为膨胀往往会把聚集的物质拉
开，但随着宇宙年龄的增长，聚集物与宇宙的其他部分相比
会显得尤为密集，所以它们不会跟着宇宙的膨胀继续膨胀
（见图 5-1）。

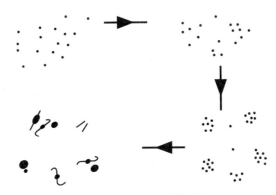

图 5-1　引力不稳定性的作用

注：引力不稳定性的过程逐渐将不太均匀的物质分布转变成密
　　度不断增大的聚合式分布。

相反，聚集物内部组成物所产生的内引力和一致运动产
生的外压力之间形成一种平衡，从而形成了稳定的物质岛
屿。然而，如果想通过引力不稳定性来解释星系和星系团的
起源，我们就需要了解宇宙膨胀开始时或开始不久之后的一

些情况。这些不规则现象在一定时间内达到的密度水平取决于它们在宇宙膨胀刚开始时的密度水平。

我们对最遥远的星系及其可能的前星系体的天文观察表明，当宇宙膨胀到目前规模的 1/5 时，今天我们所看到的那种超高密度星系就已然存在。但我们真正需要知道的是，当宇宙只有大约 100 万年的膨胀历史，且大小只有现在的 1/1000 时，这些星体的密度有多大。COBE 卫星观测到了一些蛛丝马迹。当时，这些聚集体还远不能称为超高密度星系和星系团。COBE 卫星收集到的数据是宇宙早期阶段的"遗迹"，不会受到后续事件的影响，而且这些数据现在得到了地面高精试验结果的补充。

宇宙在早期炽热阶段的辐射随着宇宙的膨胀而逐渐冷却，当膨胀持续了大约 100 万年后，辐射冷却到一定程度，整个原子和分子开始在原子核和电子中聚集起来。在更早期的时候，它们在遇到周围高能辐射光子时会立即解体，光子携带着它们缘起的信息开始自由地在空间和时间中穿梭，成为宇宙微波背景辐射。

在密度略高于平均水平的地方，辐射温度下降的速度要比密度较低的地方慢一些。这意味着，今天宇宙微波背景辐射的温度变化为我们提供了宇宙形成几百万年时物质分布的快照，成熟的星系在当时还未形成。

宇宙学家花了多年时间，利用地面探测器寻找宇宙微波背景辐射的温度变化，却以失败告终，而 COBE 卫星终于找到了它们。这些变化非常微小，只有十万分之一。这个数字告诉我们，引力不稳定性需要将刚开始的不均匀性放大很多倍，才能在宇宙存在数十亿年时变得足够强大，创造出第一个星系和星系团。

宇宙微波背景辐射温度的变化有助于确定星系形成中间阶段的具体情况。这些辐射波动的发现虽然令人兴奋，但宇宙学家对此并不感到十分惊讶。他们会惊讶于这类波动的缺失，因为如果真是如此，我们将不得不假设星系最初的形成并没有受益于密度的不规则分布。这样，星系的形成就不是引力不稳定性的简单过程所产生的结果。

宇宙微波背景辐射的波动也为我们提供了一种检验宇宙膨胀理论的方法。若想知道这是如何实现的，我们需要更仔细地思考一下宇宙暴胀这一现象。

在宇宙暴胀理论引入之前，星系和星系团的起源是一个非常棘手的问题。因为没有任何原理可以告诉我们，物质和辐射密度的波动在最开始如何产生遗迹以及何时产生，或是在辐射与物质解耦时它们有多大。我们所能做的就是，假设引力不稳定性的确存在，并从现在的星系模式回溯，以确定在任何给定的早期阶段所需要的不规则水平。

不幸的是，宇宙在任何时候都可能存在随机波动水平过低的现象，无法产生我们今天所看到的星系结构。

不过，宇宙暴胀理论为这个谜题提供了一个新的解决思路。如果一个小的区域经历了一段时间的加速膨胀，随机的波动也会随之膨胀，并在我们可见宇宙尺度的内外成为不规则的种子。波动的水平是由物质的反引力形式（总量 D 为负）决定的，这种形式负责膨胀的加速。

如果物质有确定的数值，就可以预测宇宙暴胀时出现的波动水平。我们在探索星系和星系团的起源问题上向前迈出了一大步。虽然我们不需要知道宇宙如何开始，却需要确切地知晓哪些反引力物质引发了宇宙的暴胀，因为不规则产生的程度很敏感地依赖于其物质本身，同时也与该物质同自身以及其他物质（普通形式的物质）相互作用的强度息息相关。

　　如果宇宙暴胀曾经发生过，COBE 卫星的信号强度就能够告诉我们这些相互作用力有多强。幸运的是，COBE 卫星捕获的信号中包含着更多的信息，这些信息并不那么严格地依赖于驱动宇宙暴胀的反引力物质到底是什么。

　　当我们在绘制星系和星系团在宇宙中的分布图时发现，星系团的不规则程度取决于测量时选用的尺度。当我们观察宇宙中越来越大的聚集体时，会发现这种聚集逐渐变薄。所以当我们谈论宇宙中的不规则程度时，必须确定想要了解的尺度。这种随尺度产生的变化我们称为不规则的"光谱斜率"。它可以通过观测来确定，或通过观察星系集群的模式，或通过观察天空中某些角度上宇宙微波背景辐射的温度变化来确定。

　　暴胀理论吸引人的一点在于，它预测了一个最可能出现的特定光谱斜率。相对温度的变化（天空中两个方向上测得的温度差除以天空的平均气温）不应该随着这两个方向之间夹角的增加而改变，我们称这种光谱斜率为"平的"。

COBE 卫星的观测具有极其重要的意义，原因在于发现了来自早期宇宙的、尚未充分发展的波动，这种波动日后被放大，促使形成了星系和星系团。

不过，对于宇宙学家来说，最有趣的前景是波动的光谱斜率是否符合最简单的暴胀理论预测。COBE 卫星在过去几年收集到了不同时间段的大量数据，这些数据需要经过复杂的处理才能删除原始数据中具有已知影响的环境因素，比如卫星电子信号、月球和地球的距离，这些因素会造成统计结果的不确定性。

第一轮观测结果发表于 1992 年，它以 70% 的精确度告诉我们，光谱斜率为 -0.4 ~ +0.6(平坦的光谱斜率为零)。1994 年年初，研究人员进一步对 COBE 卫星的观测数据进行处理，并且利用更多的计算机程序对原始数据进行重新分析，最终发现所有数据的光谱斜率均为 -0.2 ~ +0.3，精确度达到 70%。进一步的数据分析应该能缩小光谱斜率的范围。如果这些数据精确到零值，就能显著地证实最简单的宇宙暴胀模型是正确的。

COBE 卫星只能通过测量超过 10 度角距的宇宙微波背

景辐射温度来检查光谱斜率的范围。为了能够测量更小的角度，需要一个比进入太空所需尺寸还要大得多的实验装置。目前，有实验小组在地球的某些地方开展更高精确度的观测，这些地方包括加利福尼亚州的欧文斯谷、加那利群岛的特内里费以及南极。之所以没有从地面上以更大的角距探测天空，是因为地球大气层在这些角距上变化太大，获得的数据也会受到相应的影响。1994 年 1 月，特内里费岛研究小组公布了 4 度角距以上的温度波动证据。报告的数据与 COBE 卫星的保持一致，均显示光谱斜率大于 -0.1。

　　总结而言，被我们称作"暴胀"的短期加速膨胀必然会导致宇宙密度在不同方位上产生微小的变化，这种变化以特定光谱斜率的方式呈现。这种光谱斜率在宇宙微波背景辐射中留下了印记，我们可以通过 COBE 卫星观测到的光谱斜率来验证宇宙暴胀理论是否正确。

　　到目前为止，观测结果都同暴胀理论预测的保持一致。因此，我们便有了一个直接的物理观测手段，在它的帮助下，我们能够知晓在宇宙诞生 10^{-35} 秒时可能发生的事件。我们应该思考在探索的道路上为什么会有这么好的运气，宇宙没有理由为了给我们行方便而做出这样的设计。人类能否探明所有的自然规律，或者人类能否仅凭自己的智慧解开这些隐藏在规律最深层次的数学结构。

假设我们真的做到了，真的找到某个实验方法验证这些设想，那将是我们的幸运。为什么要有来自宇宙最初时刻的遗迹好让我们验证与之相关的设想呢？我们目前所知的关于宇宙深层次的结构以及与宇宙遥远过去有关的重要信息只是沧海一粟，但令人惊讶的不是这样遥远的遗迹难以寻觅，而是这样遥远的遗迹竟然真的存在。

我们已经大致了解了与宇宙暴胀有关的一些概念及其相应的观测结果。到目前为止，关于宇宙在早期是如何膨胀的探索仍然有着光明的前景。未来对宇宙背景探测器收集的数据的处理，再加上地面实验的补充数据，我们便能够证明，宇宙暴胀理论的预测是否与宇宙微波背景辐射温度的变化相一致。就像乐观的理论家想的那样，假设暴胀理论的方向是正确的，并且坚持求证下去，直到我们撞到南墙才放弃。那么宇宙暴胀理论对于我们理解宇宙的起源到底能带来什么启示呢？

首先，我们应该回顾一下发生暴胀的条件：存在总量

D 为负的物质形式，并且恰好与彭罗斯、霍金、杰拉奇和埃利斯在奇点理论中提出的假设相反。在一个暴胀的宇宙中，奇点理论完全不适用，我们根本无法由此得出关于宇宙起源的结论。也许，宇宙有一个特别的开始，但也可能这个开始并不存在。然而，尽管存在这种不确定性，宇宙暴胀理论却能以相当不寻常的方式丰富我们对宇宙可能模样的见解。

当我们讨论宇宙暴胀的起始阶段时，就好像这个过程在宇宙的任何地方都以相同的方式发生一样。实际上，从宇宙的一个地方到另一个地方，情况可能会略有不同。假设宇宙在前暴胀阶段被划分为若干个区域，每一个区域都很小，暴胀开始时光线都可以穿过它们。

在这些区域中，温度和密度会有略微的不同（由于随机波动），甚至会有很大的差异（由于起始状态的不同），其结果是各个区域暴胀持续的时长会有所不同。某些微观区域可能会发生巨大的膨胀，大小将达到至少 150 亿光年，而其他区域暴胀几乎没有发生（见图 5-2）。

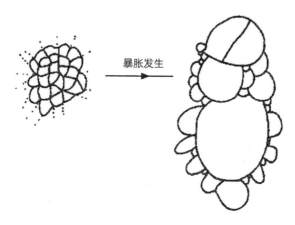

暴胀发生

图 5-2　混沌的暴胀状态

注：宇宙早期的不同小区域经历了不同程度的暴胀。只有那些
　　暴胀到足以产生至少 90 亿光年大小的区域，才能产生稳定
　　的恒星、碳和生命体。

我们可以想象宇宙在初始状态下的混沌无序状态——宇
宙在某种程度上是无限的。在空间的某些区域，条件允许暴
胀发生，膨胀的倍数足以形成我们今天所看到的可见宇宙。
而在另一些区域，暴胀则没有发生。

如果我们能看到宇宙可见部分之外的区域，可能会遇到
一些其他类型的暴胀区域，它们的密度和温度可能与我们现

处的区域截然不同。更有甚者，当人们考察某些暴胀宇宙模型时，发现了更根本的差异，例如，在宇宙的不同区域，空间维度可能会有所不同。

这种模型被称为混沌暴胀宇宙，最早由美籍俄裔物理学家安德烈·林德（Andrei Linde）于 1983 年提出。该模型为宇宙研究引入了一个新的思路。我们在上文已经解释过，当前可见宇宙的巨大规模及其上百亿的年龄并非巧合，这是生命这种生物化学复合体存在的必要条件。在所有经历了不同暴胀程度的微小区域中，只有暴胀到能够增长到数十亿光年大小的区域才会产生恒星，才能诞生生物化学复合体所必需的重元素。

我们从这种认知中学到了重要一课。即使我们知晓不是每个区域都将经历这种大规模的暴胀，但也无法排除这种可能性，因为我们只能居住在这样一个不大可能的大区域中。此外，如果宇宙本身是无限的，那么肯定存在各种各样的区域，包括那些暴胀到足以产生一个类似于当前可见宇宙的区域。

林德注意到，这种混沌的暴胀还具有一个不同寻常的特点。一些暴胀的区域会产生内部的随机波动，从而使其子区域开始暴胀，而这些子区域反过来又会产生可以进一步促进子区域的暴胀，如此反复，无穷无尽。所以，一旦暴胀开始，就会永远持续下去。在我们的视野之外，一定还存在一些仍在暴胀的区域。这种暴胀的进程也许没有所谓的"起点"。这也仍是一个尚待解决的问题（见图 5-3）。

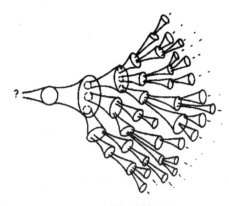

图 5-3　永恒的暴胀

注：每个暴胀区域都为它的子区域的暴胀创造条件，以此类推，直至无穷。

混沌暴胀和永恒暴胀这两种场景展现了暴胀理论如何扩展了我们对空间和时间的认知。这些认知告诉我们，所谓的

"可见宇宙"只是真实宇宙中的极小一部分，而真实的宇宙远比这一小部分复杂得多。

　　在宇宙暴胀理论引入之前，这些可能性只是作为形而上的推测来讨论。暴胀宇宙模型建立在特定粒子物理模型的基础之上，它将这些形而上的推测变成了在早期宇宙中合理条件下演变出的可能结果。在暴胀理论提出之前，我们认为可见宇宙是宇宙其他部分的相似分身。现在这种假设不再需要，也不再有效。

　　尽管暴胀理论带来了令人着迷的可能性，但它却被不确定性的阴影笼罩。暴胀理论使我们在不清楚宇宙本身是如何起源的情况下，帮助我们理解了为什么可见宇宙会显示出它所具有的各种特性。暴胀理论的强大之处在于，使我们可以在不必了解过去一切的基础上预测现在，但它也有一个缺点。如果我们的推演不严格依照宇宙起源的细节，就无法通过当前的可见宇宙来反推当时的细节，而暴胀理论直接斩断了这个关联的桥梁。

　　但是，如果暴胀从未发生呢？又或者说，如果我们关注的只是某个暴胀区域的暴胀前史，又会发生呢？如果我们顺着暴胀的历史回溯过去，可能会发现什么呢？我们仍然可能追溯到一个密度和温度都无穷大的奇点，我们至少可以得出4种完全不同的可能性，它们都与我们所知的宇宙知识保持一致（见图5-4）。

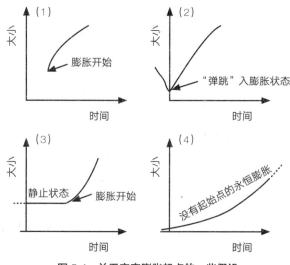

图 5-4 关于宇宙膨胀起点的一些假设

注：（1）宇宙的空间、时间和物质并非始于无限密度的状态，
　　　相反，它们产生于有限的密度，并以膨胀的状态存续；
　　（2）宇宙从之前有限收缩的最大值状态"弹跳"入膨胀状态；
　　（3）宇宙突然从原先无限的静止状态开始膨胀；
　　（4）倒溯宇宙的历史，它随着时间的倒流变越小，但永远
　　　不会达到大小为零的状态。宇宙没有一个所谓的起点。

为什么我们所知的信息具有这样的不确定性？为什么我们很难利用理论推演出最开始的那段时间，确定宇宙是否具有明确的起点？在上文中，我们勾画了宇宙膨胀史上的一些关键阶段。膨胀开始的一秒后，宇宙的温度已经冷却到足以运用地球物理学进行描述的程度，因此，我们从那时起，便拥有直接的证据来验证我们对宇宙的重建工作是否正确。回看宇宙膨胀开始后的 10^{-11} 秒，便会遇上与当今最大粒子对撞机内部相似的情况。

时间再往前的情况超出了能在地球上进行部分模拟的条件范围。不仅如此，我们对这些能量级所涉及的自然规律也不清楚。因为我们仍在试图建立一个与基本物质粒子有关的完备理论，囊括控制基本粒子的力量是什么以及它们对宇宙膨胀的进程有何影响。而所有这些研究都建立在爱因斯坦的引力理论是正确的基础之上。爱因斯坦广义相对论得出，宇宙以整体的形式在膨胀。这个理论以令人瞠目的方式成功通过了目前我们完成的所有观测实验。

但这种成功并不会一直继续，比如当讨论宇宙膨胀的初期阶段时，便遇到了问题。就像牛顿对引力的描述一开始都很完美，直到物质接近光速运动时以及在强引力场中遭遇分崩离析一样，我们期待爱因斯坦的完美理论也将遭遇"滑铁卢"。如果我们试图探测宇宙膨胀之初的 10^{-43} 秒发生的具体状况，就会遇到这种情况。在这个被称作"普朗克时间"的时刻，整个宇宙都被量子的不确定性支配，只有当我们找到一个能包罗万象的"万物理论"，一个能将引力与其他三种自然力结合在一起的理论时，才能对当时的情况进行全面的描述。如果我们想确定宇宙是否具有起点，必须了解引力在这个时间段内的表现形式，而这种形式正好反映了物质的量子特异性。

普朗克时间的奇异之处在于，我们可以观察微观世界的量子图景，这幅图景的大量细节已经在过去的 70 年里得到了完善。这既是物理学中最精确的部分，也是我们身边的技术奇迹，从计算机到 CAT 扫描仪，都建立在量子力学的基础之上。当我们试图观察非常小的物质之时，观察行为本身就会极大地扰乱被观测物质的状态。因此，在测量某物时，其位置和运动的精度都会受到限制。

在微观世界中，我们无法测量数据或者其他交互作用的确切结果，只能预测特定观测结果出现的概率。通常情况下，微小如粒子的物质和光在某些情况下能够表现出波的特性。我们可以将这些"粒子波"比作情绪波而不是水波，也就是说，它们能够存储波。如果有一股情绪的波浪席卷了你的社区，就意味着你更有可能在周边发现这些情绪行为。同样，如果电子波到达你的探测器周边，就意味着你有更大的可能在附近探测到电子。量子力学告诉我们，每一个物质粒子的波行为是什么，因此我们有可能探测到它们的一种或者另一种性质。

每一个物质粒子都有一个与它的波状量子相位相关联的特征波长。这个波长与物体的质量成反比。当某物质的质量远远大于它的量子波长时，我们就可以完全忽略它的量子性质所带来的不确定性。对于你我这样的大物体，量子波长非常小，所以当我们开始过马路时，可以安全地忽略汽车位置的波状不确定性。

我们可以将这些知识应用于可见宇宙之中，宇宙的质量比其量子波长大得多，所以我们在描述宇宙结构时可以忽略量子不确定性带来的微小影响。但当我们回溯过去时，宇宙的大小随着时间回溯的增加而缩小，在宇宙的年龄为 T 时，可见宇宙的大小是光速乘以时间 T。

10^{-43} 秒这个普朗克时间非常关键，因为当我们回溯到这个非常早期的时间点时，可见宇宙变得比其量子波长更小，因此这时，整个宇宙都被量子的不确定性笼罩。当量子的不确定性超越一切时，我们无法知晓任何东西的位置，甚至无法确定空间的几何形状。这就是爱因斯坦的引力理论全面崩盘的时刻。

这种情况激发了宇宙学家试图创建一个新引力理论的热情，他们希望在新理论中包含量子引力，并利用这个理论寻找到可能存在的量子宇宙。我们将从这些大胆的设想中选出几个进行讨论。这些新理论尚未到达理论的终点（也可能只是最终理论的很小组成部分），但最终理论必定会完全颠覆我们的认知，就像我们对宇宙概念的转变那样猛烈。

在可见宇宙何时开始膨胀的各类图景中（见图 5-4），我们展示了在不同的时间段，宇宙的大小可能会发生什么变化。一些假设认为，时间、空间以及所有的一切都开始于一个奇点；而另一些假设认为，空间和时间永恒存在。但是，还有一种更加微妙的可能性。假设我们追溯到普朗克时间时，时间的本质也发生了变化。这样，宇宙起源的问题就与时间的本质问题联系在了一起。

THE ORIGIN OF THE UNIVERSE

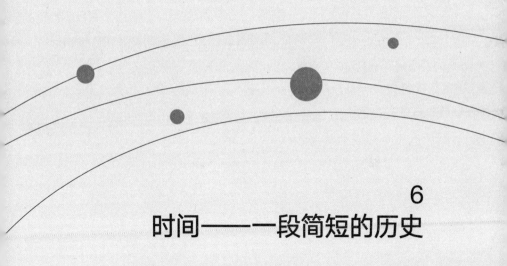

6

时间——一段简短的历史

是时候让自己放松一下了，想想那些无关紧要的事情，有时候太过专注不一定是一件好事，偶尔走神说不定会让你有新的发现！

麦考夫兄弟要来了。

——《布鲁斯－帕廷顿计划》
(*The Bruce-Partington Plans*)

　　关于时间的本质，长期以来一直存在着一个疑惑。在数千年的历史长河中，不同文化中的思想家都被这个疑惑困扰。这个疑惑就是：时间究竟是一个不变的、超验的背景舞台，各类事件在其中演绎，还是说时间和事件本身具有相同的性质，如果没有宇宙，时间就不复存在？

　　这两种假设的区别很有趣，因为第一种假设引导我们去讨论宇宙在时间上的创造，而第二种假设将时间看作随宇宙产生的产物。宇宙所谓的"开始之前"并不存在，因为在那之前，时间也不复存在。

在日常生活中，我们用一系列自然事件来衡量时间，比如利用地球引力场摆动的钟摆、地球自转时太阳在日晷上投射的影子或者铯原子钟的振动。除了衡量方式，我们无法谈论时间到底是什么。我们通常用事物变化的方式来定义时间。如果这是一种正确的方法，那么当大爆炸最初时刻存在异常条件时，时间的本质会发生非同寻常的变化。

17 世纪，牛顿赋予时间一种超然的地位——时间不可逆转地、日复一日地流逝，完全不受宇宙事件和宇宙物质含量的影响。不过，爱因斯坦对时间有着截然不同的看法。空间的几何形状和时间的流动速度都是由宇宙的物质含量决定的。就像爱因斯坦对空间本质的观点一样，他的时间观也建立在这一前提之上：任何人观测到的宇宙与他人相比，都不占有特殊的优越地位。因为无论你在哪里，如何移动，都会从自己所做的实验中推导出同样的物理定律。

在爱因斯坦的广义相对论中，这种对待观测者的民主方式意味着，宇宙中不存在对时间的最优解释。没有人测量过绝对的时间现象，所测量的不过是宇宙中某些物理变化的速率，可能是蛋形定时器里沙子掉落的速度，钟面上指针移动的速度，或者水龙头的滴水速度。有无数变化的现象可用于定义时间的流逝。例如，在宇宙的尺度上，观测者可以利用宇宙微波背景辐射温度的下降来判定时间。没有哪种特别的衡量方法会比其他方法更为重要。

在考察一个完整的空间与时间的宇宙，即爱因斯坦理论中的所谓"时空"时，有一种具有启发性的方法，将"时空"看作一叠片状空间 ①，每个切片代表整个空间在某个特定时间上的显示。时间只是整叠时空中每个空间切片的识别标签（见图 6-1），时空可以以各种不同的方式进行切割，也就是说，可以从不同的角度切割。每一种可能的切割方式都会给我们带来一种不同的定义时间的方法。不过，时空本身的组合不受所选时间切片的影响，因此，比起分别关注空间或者时间，时空的堆叠是一个更为基础的实体。

在爱因斯坦对时空的描述中，时空的形状取决于其中的物质和能量。这意味着时间可以用每个空间切片中的一些几何特性来定义，比如每个切片的曲率，因此也就可以根据切片中物质的密度和分布来定义，因为这两个因素决定了空间

---

① 为了将其可视化，请将空间想象成只有两个维度而不是平时所熟知的三维空间。

切片的曲率（见图 6-2）。因此，我们开始探索将时间（包括它的起始及结束）与宇宙物质的某些性质联系起来的可能性。

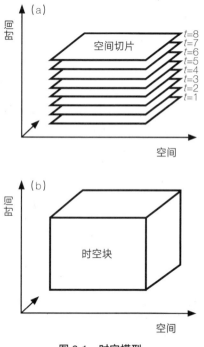

图 6-1　时空模型

注：（a）在不同的时间点所截取的一段空间切片，并按 *t*=1 到
　　　t=8 进行标注；
　　（b）此图是由所有的空间切片组成的一整块时空。这个时空
　　　块可以用许多不同于图（a）中选择的切片方式进行切割。

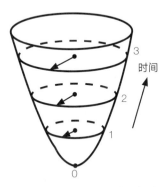

图 6-2　带有曲率的空间切片

注：这个圆锥状的时空由一系列半径不断增大的圆盘组成。每个圆盘都可以用其半径标记一个自己的"时间"，所以当我们从圆顶的点 0 向上移动到点 3 时，这个几何上的"时间"就会随之增加。

尽管引入了这些关于时间本质的细节，广义相对论还是没有详细说明宇宙最初的模样。空间切片集合总会存在第一个切片，这个切片决定了它之后切片的模样。

在量子理论中，时间的本质成了一个更大的谜。如果根据宇宙的其他性质来定义，那么量子的不确定性会影响我们对这些性质的了解，这将间接地影响到对时间的定义。用量子理论来描述宇宙会使我们对时间产生不同的结论，其中最不寻常的结论之一是，它允许宇宙从无到有。

简单的宇宙模型（忽略现实的量子本质）可以从某个确定的时刻开始，这个时间点用特定类型的时钟定义。决定宇宙未来行为的初始条件必须在初始的那一刻就做好规定。宇宙学家利用这些模型描述宇宙的现状，因为量子力学对当今宇宙的影响微乎其微。但如果我们想要在接近普朗克时间的时间段使用这些模型，就需要了解量子效应对时间的影响。

　　在量子宇宙学中，时间并非以显性的方式出现，而是由宇宙的物质及其结构组合而成。相关的方程式能够告诉我们，当我们从一个空间切片移动到另一个空间切片时，这些结构将发生何种变化。在这种情况下，"时间"就显得多余了。这种情况与摆钟很类似，指针在钟面上的位置仅仅记录了钟摆摆动的次数。因此，我们便没有必要再提及一个叫作"时间"的东西，除非真的需要。同样，在宇宙学的设定中，我们借由塑造每个切片的物质结构区分空间切片集合中的切片。但是这个关于物质分布的信息是通过量子理论从统计的概率上得来的，即当我们测量某个物体时，发现它可以是无限可能状态集合中的任意一个，量子力学只告诉我们它处在每种状态下的概率有多大。决定这些概率的信息包含在一个被称作"宇宙波函数"的数学实体中，我们称之为 W。

　　宇宙学家相信他们有办法找到 W 的形式，但最终可能会证明这种寻找其实是一条死胡同，就算找到，也可能是以一种过分简化的方式。更乐观地说，我们至少希望这种方法能够帮助我们更好地接近宇宙的真相。宇宙学家尝试用美国物理学家约翰·惠勒（John A. Wheeler）和布莱斯·德威特（Bryce DeWitt）最先发现的一个惠勒–德威特方程来寻找 W 的形式。这种方程是在欧文·薛定谔著名的普通量子力学波函数方程基础上的一个改版，在其中加入了广义相对论的弯曲空间特征。

　　如果我们知道 W 的当前形式，惠勒–德威特方程就会告诉我们，可见宇宙具有某些大尺度特征的概率。对于特定的、不断膨胀的巨大物质以及辐射结构而言，这种可能性极其大，这就如同尽管量子力学存在极小的不确定性，但日常生活中的大物体仍具有确定的属性。

　　如果最具可能性的值确实与宇宙学家所观察到的情况保持一致（例如，通过预测星系集群的某些模式或者宇宙微波背景辐射中的某些温度变化），那么许多宇宙学家将会满意地认为，我们的宇宙模型是所有模型中最"接近"真实宇宙的模型之一。然而，若想使用惠勒–德威特方程找到适用于我们当前所观测到的低温、低密度宇宙的 W，就需要知道当宇宙达到最大密度和最高温度时，也就是在宇宙的"起始"阶段，W 是什么。

在 W 的研究过程中，最有用的是跃迁函数（transition function），它告诉我们宇宙状态发生特定变化的可能性。我们用 T 表示跃迁函数，如果宇宙存在更早的时间点 t_1（t_1 由决定宇宙状态的其他参数确定，比如平均密度）以及该时间点下的状态 x_1，则 $T\,[x_1,\ t_1 \rightarrow x_2,\ t_2]$ 的函数能让我们知晓，在时间点 t_2 时宇宙所处的状态 x_2。

在非量子物理学中，自然定律规定，一个特定的未来状态将产生于某个特定的过去状态。在这个背景下，我们不讨论概率。但在量子物理学中，正如美国物理学家理查德·费曼（Richard Feynman）所说："未来的状态大致取决于历史通过空间和时间的所有可能路径的平均值。"其中一条路径可能是由非量子自然定律决定的路径，我们称为"经典路径"。在某些情况下，量子物理学中有一个由经典路径决定的跃迁函数，而其他路径会相互抵消，就像相位错开的波峰和波谷相互抵消一样（见图 6-3）。

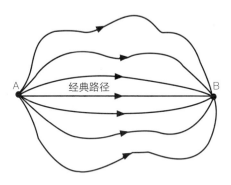

图6-3　A 和 B 之间的可能路径

注：牛顿运动定律采用的是"经典路径"。量子力学给出的是从
　　A 到 B 的路径概率，即从 A 到 B 的所有可能路径的平均值，
　　我们将其中的一些可能路径标注在图中。

对于密度非常高的量子宇宙来说，是否所有可能的初始状态都能诞生出如今这样的宇宙。这是一个深奥的问题。当前的可见宇宙是一个量子不确定性很小的宇宙，因而人们在日常经验中能够清晰地感受到"时间"的流逝。我们身处的这个宇宙，这个允许生命存在的宇宙，其诞生要求可能会异常严格，这标志着我们身处的宇宙在所有可能出现的选项中是特别的。

在实践中，W 在空间切片集合中的哪个切片里，由宇宙中所有物质和能量的结构以及这个切片的某些内在特征（比如它的曲率）决定，这些特征有助于我们有效地识别切片集合中的某块切片，对其进行有效且唯一的标记。然后根据惠勒－德威特方程得出，一个固有时间值的波函数与另一个固有时间值的波函数在形式上存在何种关系。

当可能性最大的路径接近经典路径时，波函数的这些特征可以直接作为对普通经典物理学的小补丁。但是，当可能性最大的路径与经典路径远离时，就更难用量子理论解释时间，也就是说，利用惠勒－德威特方程叠加起来的空间切片集合并不是一个完整的时空。尽管如此，仍然可以找到能告诉我们宇宙从一种状态转变到另一种状态的概率的跃迁函数。这样，波函数的起始状态问题现在变成了寻找宇宙起源的量子模拟问题。

跃迁函数告诉我们宇宙从一种物质的几何构型跃迁到另一种几何构型的概率。从一个构型到另一个构型的转化如图 6-4 所示。

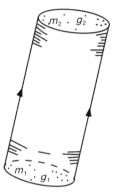

图6-4　第一种时空路径

注：这种时空路径的边界由两个曲率分别为 g_1 和 g_2 的三维空
间构成，其中的物质分别为 m_1 和 m_2。阴影部分为边界区
域，三维圆柱体的两端是二维平面。

我们可以设想宇宙始于一个点，而不是某个初始的空间
切片。因此，时空整体看起来是锥形而非圆柱形。我们可以
在图 6-5 中直观地看到这种假设。

然而，这并不是什么真正的进步，因为非量子宇宙学模
型中的任何奇点都将表现为经典路径的某种奇异特征，而我
们只是在选择某种特殊的初始条件，它恰好描述了宇宙诞生
于一个事先存在的点。这种选择其实毫无根据。

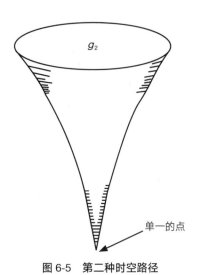

g_2

单一的点

图 6-5　第二种时空路径

注：这种时空路径的边界由一个弯曲的三维空间 g_2 和一个单一
的初始点组成。

　　接下来我们设想一种比较激进的路径，但这种路径很可
能只是空洞的猜想，不具有任何物理意义，它是由美学引
导的某种信仰产物。请看图 6-4 和图 6-5，注意我们对初始
条件的规定与图中的 g_2 点的空间状态相关联。也许 g_1 和 g_2
的构型边界可以通过某种方式进行组合，这样它们就可以形
成一个平滑的空间，如图 6-6 所示，这样，令人讨厌的奇点
便不复存在。

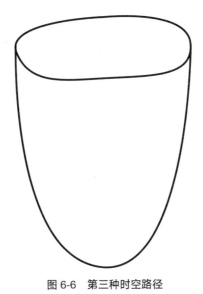

图 6-6　第三种时空路径

注：这种时空路径的边界变得平滑圆润，这使它能够由单个三
　　维空间组成，底部没有像图 6-5 中的路径那样的顶点。因
　　此，它的跃迁概率可以解释为宇宙从无创生。

举个二维空间的例子，比如球的表面，它是平滑的，
不存在像圆锥顶点那样的奇异点。因此，我们可以将四维
时空的整个边界不想象成 g_1 和 g_2，而是想成三维空间中的
一个光滑曲面，它就像一个存在于四维空间中的球的表面。

　　球的表面有一个有趣的特征：大小有限但不存在边际。虽然球的表面积有限（它只需要有限的油漆涂料），但当你在上面移动时永远不会遇到边界或者顶点，例如锥形体的顶点。对于球面上的居住者而言，这个球的表面不存在边界。宇宙的初始状态可能也存在类似的情况。这就是一种激进的设想：球占据了一个三维空间，且拥有一个二维的表面。

　　据此，我们可以为量子宇宙设计一个存在于四维空间（不是四维时空，假定真实的宇宙就是如此）中的三维表面。1983 年，霍金和美国物理学家詹姆斯·哈特尔（James Hartle）提出，我们平常关于时间的概念在量子宇宙理论背景下被超越，成为空间的另一个维度。

　　这并不神秘，物理学家经常用这种"将时间变为空间"的方式来解决普通量子力学中遇到的某些问题，尽管他们并不是真的将时间想象成了空间。在演算结束的时候，一切又可以简单地恢复到原来的情况（即存在一个时间维度和三个性质不同的空间维度），这就如同暂时使用另外一种语言讲话。

　　关于"将时间变为空间"这一概念，最具挑战性的一件事是，如何用语言很好地描述正在发生的事情。霍金于

1988 年出版的《时间简史》一书正是对这个挑战的首次尝试。科普工作意味着需要用简单、可视的图片或者类比的方法将复杂的数学简单化。科普作家经常将基本粒子之间的相互作用比作台球之间的碰撞，或者将原子描述成微型太阳系，等等。

事实上，19 世纪末，一些法国数学家批评了物理学家，因为物理学家坚持用机械的图景来描述各式各样的物理现象，比如借助滚动的小球、轮子和弦等。而科普作家运用的方式是，将宇宙深奥的运作方式与存在于我们日常经验中的事物进行简单的类比。然而，"时间成为空间的另一个维度"这一观点似乎没有人们所熟悉的东西可类比。当人们看到这句话时，能够理解所有字的意思，但不懂所传达的意思。

对于《时间简史》的读者来说，缺乏现成的类比可能是这本书艰涩难懂的原因之一。我们希望关于宇宙最深层次构建的知识，比如与基本粒子的内部空间或者星系及黑洞的外层空间相关的知识会有简单的类比。但事实可能并非如此。不过，缺乏类比可能是一个好迹象，因为它表明我们正在触及一些绝对的真实，而不仅是重新利用我们熟悉的陈旧概念。

这种从量子理论的角度看待时间的方式，其根本特征在于，在大爆炸的终极量子引力环境中，将时间当作真正的空间。如果一个人从一开始就站在宇宙的起点，可能会看到量子效应相互干扰，就像波峰遇到波谷一样，渐渐地，宇宙会以越来越精确的方式沿着经典路径运行。时间的传统特性，即在性质上区别于空间的特性，在普朗克时间之后的初始时刻开始出现。相反，如果一个人从现在回溯到宇宙最开始的时刻，时间的鲜明特征就会逐渐消失，时间与空间变得难以区分。

宇宙的这种原始量子状态的无时间性是由哈特尔和霍金提出的，因为它非常省事，而且避免了初始状态出现奇点的情况。由于这些原因，它被称为"无边界条件"（no-boundary condition）。更准确地说，无边界条件规定，宇宙的波函数是由具有单一、有限、光滑边界的四维空间（类似前文讨论的球面）的平均跃迁决定的。

通过此构想得出的跃迁概率具有这样的特点，宇宙没有所谓的前初始状态。因此，无边界条件通常被描述为"无中生有"，因为它是一幅这样的图景，变量 T 提供了某种类型的宇宙从无到有的概率。由于"时间变为空间"的假设，所以并不存在宇宙诞生时刻或者起点。

我们对这类量子状态的起点的总体认知是，当回顾那个被称为时间"零点"的时刻时，时间的概念便会消失。这种类型的量子宇宙并不一定存在，它的形成就像具有奇点的非量子宇宙一样，但它并不始于大爆炸，因为大爆炸的各类物理数量是无限的，所以需要进一步确定其初始条件。无论是单一的大爆炸创世，还是量子创世，关于宇宙从何以及为何诞生，我们都无从得知。

哈特尔和霍金的观点十分激进。该观点由两个部分组成：一是"将时间变为空间"；二是无边界条件。这种观点是解释宇宙状态的一种方法，既包含了初始条件，又包含了普通物理学中的传统法则。即使你选择了第一个部分，也可以有很多选择代替无边界条件，最终指向宇宙从无到有的状态。

如图 6-7 所示，在无边界条件的情况下，或者在另一种可能的边界条件下，宇宙波函数 W 的波动与宇宙的密度（即"时钟"）有着截然不同的性质。美国物理学家亚历克斯·维兰金（Alex Vilenkin）就是这样认为的。W 的高值对应高概率。

因此，在无边界条件下，宇宙以高密度存在的可能性几乎为零，而维兰金的条件使这成为可能。一些无边界条件的批评者认为，无边界条件不太可能产生一个密度足够大、温度足够高且足以承受膨胀的极早期宇宙。

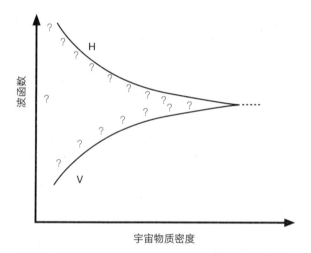

图 6-7 宇宙波函数随宇宙物质密度变化可能产生的变化

注：波函数的高值对应发生的高概率。该图展示了哈特尔和霍金（H）以及维兰金（V）对波函数的设想。其他可能的状态介于这两条曲线之间（即"?"所在的区域）。但当密度极高时，这个理论就变得非常不靠谱（如图中的点所示）。

　　对宇宙波函数的研究尚处于起步阶段，在得到完善之前，还会在许多方面发生变化。无边界条件还有待改进，因为它还没有明确说明星系形成所需的微小不均匀性，它还必须补充与宇宙中的物质及其分布有关的其他信息。也许无边界条件的假设是对的，也可能正误参半，也可能是个彻头彻尾的错误观点，甚至悲观主义者可以认为它的对错我们永远无从得知，因为宇宙的形成方式可能抹去了量子起源的所有痕迹，抑或这些痕迹太过微小我们无从观测，无法用事实来检验。如果暴胀的确发生过，我们也很可能无从得知。

　　我们需要从中吸取的重要经验是，我们对于宇宙演化的传统思考方式，即从受变化规律影响的起始条件开始思考，可能并不正确。这种思考方式可能是我们所经历的自然领域的人工产物，在这样的日常中，量子引力的效应微乎其微。选择用无边界条件以及其他有说服力的理论来解释宇宙的状态，部分原因是它们方便我们进行思考和计算，而并非量子宇宙内部的逻辑要求。

　　在讨论整个宇宙的初始状态时，我们必须重新评估初始条件独立于自然法则的观点。一方面，如果宇宙是唯一的（因为它是逻辑上一致的唯一可能性），则意味着宇宙的初始条件也是唯一的，因此该条件也就成为自然法则本身。另一方面，如果我们相信还有许多可能存在的宇宙（实际上，这种可能性确实存在），那么宇宙的初始条件就无须特殊的要求，它们都能在某个地方实现。

"初始条件的解释属于神学，而变化规律才是物理学家的思考领域"这一传统观点正在被现实动摇，至少在目前这种情况下，宇宙学家正在研究宇宙在初始条件下是否存在一些可行的"规律"，无边界条件的观点只是其中的一种可能。这个观点虽然有些激进，但也许它和真实的初始条件相比还不够激进。令学界担忧的是，现代量子宇宙理论中的许多概念，比如"从无到有的创世""随宇宙诞生而来的时间"，也许只是沿袭已久的人类直觉和连中世纪的神学家也甘之如饴的种种思想的精炼翻版。

不过，这些传统理念引出了许多以数学形式展现的现代宇宙学概念。哈特尔和霍金提出的"将时间变为空间"的观点是宇宙学中真正激进的思想之一，我们无法从过去几代的哲学或者神学思想遗产中找到该观点的蛛丝马迹。于是人们开始怀疑，是否只有摒弃这些习惯性的概念，宇宙起源的真实图景才能够浮出历史水面。

　　尽管一些现代宇宙学家已经满怀信心地回答了有关宇宙起源的问题（诸如《从无到有：宇宙的诞生》之类题目的研究论文的发表），但人们还是应当保持谨慎。因为，所有这些理论需要在一开始假定，宇宙中存在着比我们日常生活中的"无"多得多的东西，这样才能发表一些令人感兴趣的内容。在宇宙诞生的初始阶段，自然规律（此处指的是惠勒－德维特方程）、能量、质量、几何的规律必然存在，它们的存在支撑起无处不在的数学和逻辑世界。

　　在能够对宇宙的构建以及持续发展做出完整的解释之前，我们需要一个相当完善的理性基层。当被问及上帝在宇宙中的角色时，大多数现代神学家强调的正是这种潜在的理性，他们不认为神仅仅是点开宇宙膨胀开关的金手指。

　　科学家试图解释，宇宙的存在是"绝对的空无"这一前状态产生的结果。这种想法与我们根深蒂固的观念，比如"世界上没有免费的午餐"等此类观念大相径庭。非科学家理所当然地认为凭空造物是不可能的。如果有人提出要用科学的方法来解释宇宙的诞生，最直接的反对意见便是，宇宙的确是从虚无中诞生的，而且它必须创造出一个拥有能量、角动量和电荷的宇宙。但这违反了我们熟知的自然法则，自然法则规定了这些量的守恒。因此，宇宙从无到有的创世不可能是这些法则的结果。

　　这个论点令人非常信服，直到有人开始探究宇宙的能量、角动量和电荷到底是否存在时，才发生了动摇。如果宇宙本身具有角动量，那么在最大尺度上，膨胀就兼有旋转。最遥远的星系在远离我们的同时，也会旋转。尽管这种横向的运动速度太慢以至我们难以观测，但任何宇宙的旋转都有其他易于察觉的特征。比如，地球自转带来的影响是地球的两极略微扁平。所以，如果宇宙也在旋转，类似的现象也会发生，即沿着旋转轴方向的地方会比其他方向膨胀得更为缓慢。

　　因此，如果宇宙微波背景辐射来自旋转轴的方向，那么它的温度最高，而与旋转轴呈直角的方向则温度最低。事实上，辐射温度在各个方向上都保持一致，该数据可精确到十万分之一。这意味着如果宇宙确实在旋转，那么它的旋转速度是它膨胀的速度的一万亿分之一。这个比例太过微小，足以表明宇宙的净旋转和角动量并不存在。

　　同样，也没有证据表明宇宙中存在任何整体性的净电荷。如果宇宙中的任何结构因其中质子和电子的数量不平衡而具有电荷，这将对宇宙的膨胀产生巨大影响，因为电磁力比引力强大得多。事实上，爱因斯坦引力理论的一个重要反推结论便是：宇宙是封闭的，即一个未来会坍缩成奇点的宇宙，其总电荷数必须为零。也就是说，宇宙所有包含的物质的电荷数总和必须为零。

宇宙的能量又如何解释呢？说到凭空造物的不可能性，这是一个我们最为熟悉且直观的例子。但值得注意的是，如果宇宙是封闭的，那么它的总能量也一定为零。原因可以追溯到爱因斯坦的方程式：$E=mc^2$。根据此公式，质量和能量可以相互转换，所以我们应该考虑的是质量和能量之间的守恒，而非仅单独考虑能量或者质量守恒。重要的一点是，能量，即以质量以外形式存在的能量，有正负的变化。如果我们把一个封闭宇宙中的所有物质的质量加起来，它们将对总能量有很大的正值贡献。

但是这些质量也在相互施加引力。这个引力与负能，或者我们所说的"势能"相等。如果我们手里拿着一个球，它便具有这样的势能：当球往地上掉落时，便产生了一种以势能为代价的正向运动能量。引力定律证明，宇宙中质量之间的负引力势能在数量上正好与这些质量的能量之和相当，因此，总能量永远为零。

这种情况其实非同寻常。冥冥之中，那些看起来与宇宙从无到有的诞生方式相违背的三大守恒量在宇宙中的值很可能都等于零。这其中包含的意义尚不明确。不过，自然的守恒定律并不会成为宇宙横空出世的阻碍，也不会阻碍它消失于虚无之中。自然法则也能够用于描述宇宙诞生的过程。

为了结束"宇宙诞生于虚无"这个充满分歧的讨论，我们应当回顾一下我们讨论过的另一个观点，即宇宙始于时空的一个奇点。量子宇宙学的无边界条件回避了这种灾难性的起点，因此这种理论在宇宙学中甚是流行。然而，我们应该对这样的情况保持警惕：量子宇宙学的许多研究工作，动机都是设法避免出现初始密度无穷大的奇点，所以研究者更愿意关注并认同符合该需求的理论，甚至不顾宇宙真的存在奇点这种可能性。

值得我们注意的是，从严格意义上来说，宇宙大爆炸模型（即始于一个奇点）也是始于绝对的虚无，其中的原因我们无从知晓，也没人反对和限制。奇点以前，没有时间，没有空间，也不存在物质。量子宇宙理论的研究者希望，通过某种不可避免的量子状态来描述一个极有可能的宇宙，我们便能了解为什么当前的可见宇宙拥有这么多不同寻常的属性。可惜的是，这些属性可能都产生于宇宙诞生不久后的暴胀阶段，而暴胀可能归因于各种各样的初始量子状态。

THE ORIGIN OF THE UNIVERSE

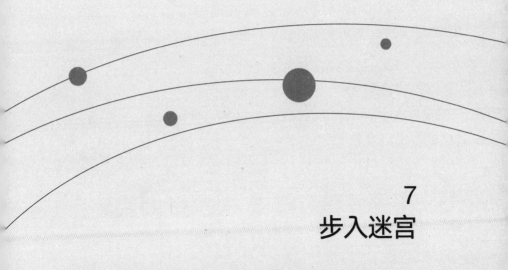

7
步入迷宫

勇敢地走进去吧，带着你的种种疑问和不解，是
时候找出恶魔了，前提是你要义无反顾、拼尽全力。

这可是一个大胆的猜测，华生，可
以说是非常大胆了！

——《白额闪电》

（*Silver Blaze*）

　　我们周围存在的物质，从卷心菜到国王，都有自己的密
度和硬度，因为宇宙结构的某些方面是恒定不变的。这些不
变的方面被称作"自然常数"，诸如引力的强度、基本物质
粒子的质量、电荷和磁力的强度以及真空中的光速等，它们
都有着自己的固定值，如果有些固定值不能用自然常数来表
示，我们就称其为"基本常数"。大多数数值都能够用非常
精确的方式进行测量。

　　宇宙物质的常数值是区别我们所处的宇宙与想象中遵循
相同物理定律的宇宙的标志。然而，这些常数尽管出现在我
们所有的自然法则当中，却是宇宙结构中隐藏最深的奥秘。

为什么它们有着特定值呢？物理学家一直希望有一天能提出一套完整的物理理论，预测或者解释基本常数的值。许多伟大的科学家都做过此类尝试，但都铩羽而归。

最近，通过量子来描述宇宙及其初始状态的尝试出人意料地提供了一种可能解释自然常数的值的方法。詹姆斯·哈特尔和斯蒂芬·霍金提出的寻找宇宙波函数的总体思路是，假设宇宙在其量子属性占据统治地位的极端密度下像一个四维的球体。但是，一些宇宙学家随之发问：如果球体的表面并不均匀光滑，将会发生什么呢？假设用一些管子连接球体表面的两端（见图7-1），这些管状连接被称为"虫洞"，它们是连通不同时空区域的桥梁，如果没有虫洞的存在，这两个时空区域将无法连通。

提出这种精巧理论的目的主要有两个。第一，物理学家想要修补我们对当前宇宙的认识，从而发掘新的事物以解释自然界的未解之谜。第二个目的更加具体。存在于普朗克时间（10^{-43} 秒）前后的时空状态是量子不确定性主导的湍流泡沫（turbulent foam），虫洞的直径相当于光在这段时间（10^{-43} 秒）走过的距离（大约 10^{-33} 厘米），这类大小的虫洞的存在，很可能是空间无序互联状态的结果。

图 7-1　一个有虫洞连接自身的宇宙

随着我们对宇宙整体性质认识的加深，宇宙的复杂性又增加到令人难以置信的程度。宇宙可能由大量（甚至是无数）的扩展区域组成，这些区域通过虫洞彼此相连，如图 7-2 所示，图中有许多相互连接的"婴儿宇宙"（baby universe）。

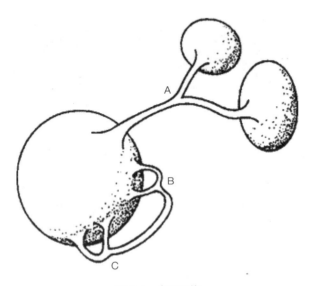

图 7-2　虫洞网络

注：虫洞从母体宇宙中分裂出来，在 A 处形成两个婴儿宇宙。
虫洞在 B 和 C 处与其他虫洞相连接，从而连接到母体宇宙。

　　为了更好地理解在这种情况下到底会发生什么，我们
先只考虑最简单的虫洞连接类型，即虫洞只连接一个婴儿宇
宙。这种简化方式被称为"稀薄虫洞近似"（dilute wormhole
approximation），因为这种方法同描述普通气体行为时采用的
简化假设"稀薄气体近似"相似。稀薄气体近似的前提是，
气体分子在两次碰撞之间的运动时间比碰撞过程中的时间长

得多。当条件发生改变时，比如，当气体凝结成液体时，这种行为就更具有互动性。而稀薄虫洞近似是对婴儿宇宙之间的相互作用所做的简化，这种简化假设，虫洞只连接大面积的平滑区域，并且虫洞不会分裂成两个通道或者与其他虫洞连接（见图7-3）。

图7-3　许多由虫洞连接的婴儿宇宙

注：这些婴儿宇宙本身也有与自身相连的虫洞。这些虫洞不会
　　与其他虫洞相连，也不会分裂成两个或者两个以上的虫洞，
　　这种状况被称为"稀薄虫洞近似"。

这种假设看起来一切都好，如果它只是为了概括而简化，便不具备深挖的意义。不过，从之后的结果来看，虫洞的想法为我们提供的思路远不限于此。现在，存在于宇宙任何大区域中的自然常数的值都可以由与该区域相连的虫洞网络的波动来决定。但由于虫洞的连接包含量子不确定性的所有属性，因此这些常数的值并非由虫洞直接确定，在统计学上只是受虫洞的影响。

最容易研究的常数便是著名的"宇宙常数"。爱因斯坦为了建立静态宇宙模型将这个常数引入广义相对论方程式中，但后来又将其抛弃。宇宙常数定义了一种长期存在的斥力，这种斥力与同质量之间的引力的方向相反。尽管我们可以像宇宙学家通常会做的那样，忽略在引力定律中增加这个常数的可能性，但我们没有任何已知的理由能够说明，为什么这个常数不应当出现在爱因斯坦的方程式中。这个结局并不理想。即使它无法阻止宇宙的膨胀，但它仍然可以改变当今宇宙膨胀的速率。

对宇宙膨胀速率的天文观察显示，宇宙常数如果真的存在，其数值也极小。若想用纯数字表示，它必须小于 10^{-20}。这个数字实在是太过微小以至于宇宙学家开始推测可能存在某种未知的自然规律，决定宇宙常数的数值为零。然而，在所有关于早期宇宙中存在的基本粒子以及能量场行为的研究中，情况却完全相反。这些研究不仅预测了宇宙常数的存在，还得出该数值比当前观测到的数值要大得多，甚至可能是当前数值的 10^{120} 倍。

1988 年，美国理论物理学家西德尼·科尔曼（Sidney Coleman）取得了一项惊人的发现。如果宇宙在诞生之初就存在一个同引力相对应的宇宙常数，那么它对虫洞的影响是创造出一个反向的压力，这种压力将抵消其自身带来的反引力效应，从而达到固有的量子确定性的水平。利用包括虫洞波动在内的信息，科尔曼预测到，当一个婴儿宇宙开始变大（如同当前的可见宇宙）时，那么包含于其中的宇宙常数最可能的值是 0（见图 7-4）。

到目前为止，虽然这个预测还没有成功地预测到自然界中的任何一个非零的自然常数（例如电子或者电荷的质量），但思考这种预测的本质对我们具有很大的启发性。

假设我们能够计算出一个自然常数在现今宇宙中的概率分布，比如，电磁力的强度，其结果可能与图 7-5 中所示的任意一种情况相类似。

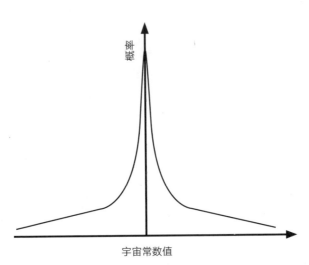

图 7-4　宇宙常数因虫洞波动而具有特定值的概率

注：宇宙常数值在 0 附近达到可能性的峰值。

　　在第一种情况下，常数的所有值都有相同的可能性，虫洞理论并没有对此做出预测，所以没有可以与观测值进行对照检验的预测值。在第二种情况下，常数很可能在图的最高处存在一个值。大多数宇宙学家将这样的波峰解释为我们应该观测的情况，因为它为我们确定了最大可能的数值。

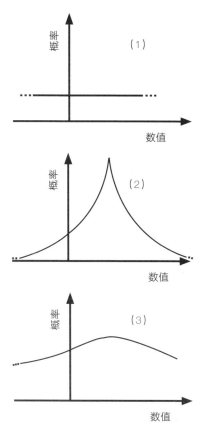

图 7-5　自然常数的预测观测值

注: 根据虫洞理论预测的自然常数观测值:
　　(1) 任何值的可能性均相等;
　　(2) 存在一个明显具有更大可能性的值;
　　(3) 可能性分布在许多数值上, 没有很明显的可能性峰值。

如果牛顿引力常数期望值的概率分布在观测值附近达到峰值，我们会认为这是虫洞理论的一个惊人成果，也就可以使用自然常数的观测来探测普朗克时间之前的量子引力理论。然而事实证明，从理论上做出这样的预测太困难了。

许多物理学家认为，宇宙中必然存在一种能够统一描述所有自然规律的理论，它能将我们所知的引力、电力、磁力、放射物质以及核物理中的各种不同力统一起来。这种对自然规律的系统性描述被称为万物理论（theory of everything），物理学家对它寄予的希望之一是，存在一套自然常数且它们具有一组逻辑一致的值。如果我们真的找到了万物理论，它应该能够告诉我们基本常数的值，这将是对这一理论的终极检验。

然而，即使万物理论确定了每个婴儿宇宙和母体宇宙中自然常数的初始值，它们之间的虫洞连接也会产生不可预测的波动，从而改变这些常数的值。因此，自然常数的观测值也会偏离从一开始就被赋予的理论值，也就是说，当前观测到的自然常数值不会与万物理论确定的值相符。

接下来我们看一下图 7-5 中的第三种情况。在这种情况下，数值的概率均匀地分布在一个较大的可能范围内，其中有一个最具可能性的值，但也只是最具可能性而已。这给我们带来各种各样的尴尬问题：为什么要把对宇宙的观测结果与宇宙的最可能模型的预测进行比较呢？从量子理论的角度考虑，我们是否应该期望当前的可见宇宙是最具可能性的宇宙之一呢？然而，我们有充分的理由认为，可见宇宙并不在最可能存在的宇宙行列之中。

我们已经介绍了膨胀宇宙的概念，也展示了这样的一个宇宙：它的年龄与智慧生命的进化密切相关，年龄足够大的宇宙是产生恒星的必要条件，因为只有这样，漫长的岁月才能产生比氦元素重的元素，才会有后续的生物化学复合体的进化。同样，我们也可以考虑，为什么像我们这样的智慧生命（甚至与我们不同类的智慧生命）的存在意味着自然常数的值必须与所观测到的数值差距不大。

如果引力的强度稍有不同，或者电磁力的强度稍有扰动，那么稳定的恒星就不复存在，因为原子核、原子和分子等这些维持生命精妙平衡的特性就会被破坏。生物学家认为，生命的自发进化需要碳的存在，而碳异乎寻常的灵活性使其成为 DNA 和 RNA 的基础。宇宙中碳的存在不仅取决于宇宙的年龄和大小，而且还取决于决定着原子核自然能级的那些自然常数值之间惊人的巧合，它们决定了原子核的能级。

当恒星中的核聚变反应将两个氦原子核结合在一起产生铍时，距离碳的生成仅有一步之遥，那就是添加另一个氦原子核。但这个反应太慢了，无法生成宇宙中后续事件所需的碳。但我们又确实存在于此，在这一事实的推动下，弗雷德·霍伊尔在 1952 年做出了一项惊人的预测——碳原子核的能级可能比氦原子核和铍原子核的总和还要大。这便是第一个惊人的巧合。

这种情况会产生一种特别快的氦铍反应，因为这两个原子核的结合造成了所谓的"共振态"——这正是人们所期盼的能产生自然能级能量的情况。结果证明，霍伊尔是对的。核物理学家惊奇地发现，碳原子核的能级与霍伊尔之前的预测完全一致，而这一能级在此前无人知晓。加州理工学院的物理学家威廉·福勒（William Fowler）在天体物理学领域做出了巨大贡献，因此获得诺贝尔奖，他曾说过，正是霍伊尔的预测让他相信自己可以在这个领域继续研究。如果有人仅仅通过对恒星的思考就能告诉他，在哪里可以找到这样一个核能级，那么在天体物理学这门学科中一定存在着某种隐藏的东西在支配一切。

如果自然常数稍有不同，氦、铍和碳的共振就不复存在，我们也将不复存在，因为宇宙中的碳含量几乎为零。

第二个巧合是，一旦碳被制造出来，它就可以通过碳和氦原子核之间的核反应全部转化为氧。但是这个反应没有共振，也就是以一种更加精准的方式，因此碳得以保存下来。

这些例子告诉我们，宇宙中的复杂结构的存在是由自然常数值的明显巧合组合而成。如果这些常数的值稍有改变，像人类一样有意识的智慧生命的进化便全无可能。我们不能从这种幸运的情况中得出任何伟大的哲学或者神学结论，也不能说宇宙"设计"的目的就是诞生有生命的观察者，同样，我们也不能说宇宙"设计"的目的就是让生命存在、让生命必须存在于宇宙的某个地方，或者让生命延续。

这些猜想都有可能是对的，也有可能是错的，以我们目前的能力根本无从判断。我们需要认识到的是，若想让宇宙诞生出像我们这样的智慧生命，甚至诞生出组成智慧生命的原子或者原子核，所有自然常数（至少是其中大多数常数）的数值需要与所观测到的非常接近。

　　考虑到这一点，我们需要再来看看图 7-5 的第三种情况。将常数的可能范围缩小到允许后续生物发生复杂进化的程度，并重新思考。允许智慧生命存在的常数范围应该非常小，很有可能会远离理论所预测的最具可能性的值（见图 7-6）。目前我们很难将理论数值和观测数值进行比较。我们对常数最可能出现的值并不感兴趣，而感兴趣的只是能够让智慧生命完成进化的那个最具可能性的值。说得夸张一些，如果引力强度最可能的值致使宇宙仅存在十亿分之一秒，那么显然，我们就不可能生活在这种最具可能性的宇宙之中。

　　我们已经学到了非常重要的一课。当我们提出一个关于宇宙的理论时，它能够对这个从量子状态起源的宇宙结构进行统计学上的预测。然后，为了验证这些预测与实际的观测是否一致，我们必须知道智慧生命进化所必需的所有常数的值以及进化方式。实际上，这个允许生命进化的数值范围非常狭窄，可能性极低。

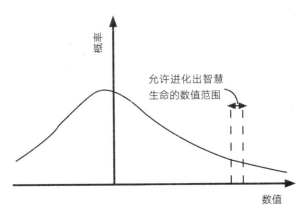

图 7-6　常数的概率预测

注：这是在当前可见宇宙中找到具有特定值的自然常数的概率
　　预测。其中还指出了允许智慧生命进化的数值范围。对于
　　自然界中的大多数基本自然常数而言，这个范围看起来很
　　狭窄，也可能远离最具可能性的常数值，就像我们在图中
　　展示的这样。

　　然而，我们确实存在于这样一个几乎不可能的宇宙之
中，因为我们不在其他宇宙里。我们穿越虫洞迷宫，回到时
间的起点，这段曲折的旅程让我们认清了一个极其简单的事
实，那就是，我们的存在就是寻找宇宙起源及其各种非凡属
性的重要论据。

　　摆脱这些结论的唯一方法便是假设生命的诞生是一种普

遍现象，无论自然常数的值是多少，它都会以各种方法出现。但这种假设很难与我们所拥有的知识以及生活经验相符，特别是有意识的生命的进化，它不同于复杂分子的演变，即使在常数值存在的情况下，也是一件相当不稳定的事情。生物学家更加强调，许多进化途径最后都走进了死胡同。我们并不否认在茫茫宇宙中有许多其他生命以不同形式存在的可能性，但我们坚信，如果它们的进化是自发的，那么一定也是基于原子，并且以碳基生命的形式存在。

其他形式的生命肯定也存在。比如，我们正在试图创造基于硅的简单生命形式。目前，"人工生命"（对应于"人工智能"）研究是个快速增长且吸引人眼球的科学领域，它汇集了物理学家、化学家、数学家、生物学家和计算机科学家来研究新型复杂系统的特性。这些系统中存在与生命相关的一些或者所有特性。这些研究大多利用高速计算机图形学，以模拟复杂系统与其环境的交互、增长以及复制等行为。它们是否真的具有生命还有待观察。最终，这些研究一定能对有意识的生命的结构是如何出现的带来重要启示。

THE ORIGIN
OF
THE UNIVERSE

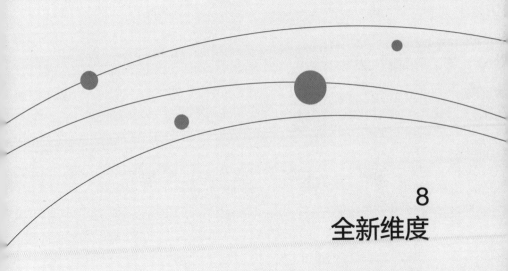

8
全新维度

　　我知道你还在怀疑，排除一切合理怀疑之后，无论多么难以置信，留在你面前的就是真相，你要习惯它。

　　我跟你们说过多少次，当排除了所有不可能的因素后，剩下的无论看起来可能性有多低，都一定是真相。

——《四个签名》

(*The Sign of Four*)

　　自 20 世纪 80 年代中期以来，对万物理论的探索一直被超弦理论（superstrings）主导。早期，对粒子物理终极定律的探索主要集中在数学描述上，在该理论框架下，最小的实体是没有大小的点。与此不同，超弦理论以能量线或者能量环作为最基本的组成部分。"超"指的是这些弦所具有的特殊对称性，这种对称性让它们能够在描述物质的基本粒子与自然界中不同形式的辐射时达成统一。

　　根据超弦理论，最基本的粒子像小小的环，这种想法听起来似乎有些奇怪。这些小环更接近于橡皮筋，它们具有一种张力，而且这种张力受环境温度的影响。在低温下，这种张力很强，导致小环产生收缩，类似于一个点。因此，在如今相对温和的宇宙环境下，弦具有高度精确的类点行为，与类点基本粒子一般，符合低能量物理学的各类预测。

然而，当物理学家将点状基本粒子的理论推广到温度或者能量极高的条件下时，没有得出任何有意义的结果。除此之外，这个理论完全无法将引力与其他三种力（电磁力、强相互作用力和弱相互作用力）协调起来。相比之下，超弦理论在高温下有着完美的表现，而且引力能够与其他自然力结合起来。这样，无意义的回答将不复存在，基本粒子物理学的所有可观测性质在原则上都可以从这个理论中计算出来（尽管还没有人具备足够的聪明才智完成这项伟大的使命）。

虽然超弦理论听起来很理想，但也有一个缺陷。若想弦具备这些备受追捧的特性，前提是它们所处的宇宙必须具备比我们所熟悉的三维宇宙更高的维度。为此而构造的首批模型需要有 9 个或者 25 个空间维度，然后探索发生在普朗克时间附近的自然过程，这要确保宇宙在开始时就有 9 个均匀膨胀的空间维度，其中的六维陷入某种困境，所以仍然保持当时宇宙的大小，即 10^{-33} 厘米，而另外的三维持续扩张，直到扩张到六维的 10^{60} 倍大（见图 8-1）。目前，根据这一理论，其他几个维度仍然在普朗克尺度上，所以它们所能产生的影响我们无法分辨，不仅在日常经验中无法分辨，而且在迄今为止高能物理实验中所创造的事件中也是如此。

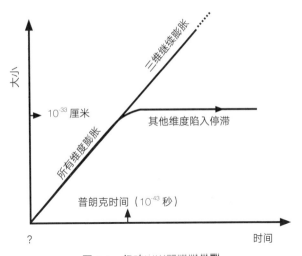

图 8-1　超弦宇宙的膨胀类型

注：在构想的超弦宇宙中，空间的各个维度随时间的变化产生不同的膨胀。在宇宙刚诞生的时刻，所有维度都以同样的速度膨胀，但在普朗克时间，即 10^{-43} 秒之后，只有三维继续膨胀，最终成为当前的可见宇宙，大小至少是 3×10^{27} 厘米，这些三维构成了可见宇宙的整个空间。其余的几个维度则被困住，大小保持不变。我们发现不了这些空间，因为它们的大小只有 10^{-33} 厘米。到目前为止，还没有任何观测证据能够证明这些维度的存在。

六维空间为何出现这种困境仍然是一个有待解决的问题。如果真是这样，会给早期宇宙的研究增添许多困难。也许宇宙中存在某种隐藏至深的自然法则，要求三维空间不断膨胀至极大，就像当前可见宇宙的大小。又或者，膨胀空间的维度数是以相当随机的方式确定的，甚至维度数可能在宇宙的不同区域都有所不同。

空间的维度数与宇宙中可能发生的事情有着密切联系。值得我们注意的是，三维空间的宇宙非常特殊。如果维度数在三个以上，稳定的原子就不可能存在，也就不可能有围绕恒星稳定运行的行星轨道。波在三维空间中以一种独特的方式运动，如果空间的维度数是偶数，比如二维、四维或者六维，那么波信号就会产生混响，也就是说，在不同时间发出的波信号可以同时到达某处。而在奇数的维度空间中，这种情况就不会发生，因为波信号是无混响的。然而，在除了数量为三的所有奇数维度中，波信号都会失真。只有在三维空间中，波才能以一种尖锐、不失真的方式传播。基于这些原因，智慧生命似乎只能存在于大型的三维宇宙中，因为在其他维度的大型结构里，连接任意结构（如原子）的电磁力和强相互作用力不复存在。

如果因为某种深刻的自然法则才出现三维空间，那么我们非常幸运。如果宇宙的维度数只是时间开始时附近事件的随机结果，或者在可见宇宙视界之外的地方随着地点的变化而变化，那么这种情况就更像由虫洞波动决定的自然常数。我们能确定找到三维空间的概率无论有多小，它最终都存在。因为我们观测的正是三维的大型宇宙空间，不过也没有其他宇宙能让我们完成这样的进化。

前沿宇宙学和高能物理学正在探索新的数学理论分支，并且已经勾画出当代宇宙学的一个总体特征：它并不完全符合科学的传统定义。像卡尔·波普尔（Karl Popper）这样的科学哲学家强调，如果某个看法具备意义或者可以被称作"科学"，就必须能够以某种方式进行验证。在以实验室为基础的科学中，这不会产生什么问题。原则上，一个人几乎可以开展他所选择的任何实验，尽管在实践中，他可能会受到经济、法律或者道德方面的限制。

在天文学中，情况大不相同。我们没有在宇宙中进行实验的自由。我们虽然可以用多种方式进行观测，但不能直接在宇宙中开展实验，只能寻找事物之间的关联。比如，当我们观察星系时，会注意到是否所有体量大的星系都非常明亮，螺旋形的星系是否含有最多的气体和尘埃，等等。在宇宙学里，情况也不同于陆地科学，因为我们对宇宙的观测偏见不能仅通过在不同条件下开展重复的实验就能得到纠正。

科学家已经解释了为什么我们必须生活在宇宙膨胀开始的数十亿年后以及为什么我们只能看到整个宇宙的（可能是无限的）一小部分。我们还提到，宇宙性质因地而异的一个结果是，智慧生命只能在特定的区域完成进化。宇宙学是一项研究，在这项研究中，可用的数据总是达不到期望，而且已收集的一些数据往往具有片面性。明亮的星系比暗淡的星系更容易被观测到，可见光比 X 射线更容易被探测到。若想成为一名优秀的天文学家，关键在于理解数据收集过程中的哪些方面可能给观测结果带来偏差。

由于宇宙学的这些特点，关于宇宙起源的研究越来越受欢迎。我们在前文介绍了两种观点的对比，一种观点试图用宇宙形成时的样子来解释当前可见宇宙的结构；另一种观点则试图表明，无论宇宙在过去是如何形成的，目前的结构都是已经发生的物理过程的必然结果。宇宙暴胀理论是第二种观点的最充分展现。该理论认为，无论宇宙当初以何种方式开始，总是存在一个足够小的区域，可以通过物质和辐射之间的相互作用保持平稳，而这个区域可能经历了一段加速膨胀的时期。

这样的结果便是，形成一个与当前的可见宇宙极其相似的宇宙——古老、庞大、没有磁单极子，而且膨胀的速度十分接近所谓的临界点，即将"开放"的宇宙与"封闭"的宇宙分隔开来的膨胀速度分界线。但是近几年来，人们开始关注第一种观点。科学家已经开始研究是否存在相应的自然法则在宇宙的诞生阶段就决定了其初始状态。实际上，科学家需要的是一种新的自然法则，不是支配世界从上一分钟到下一分钟状态变化的法则，而是一种支配初始条件本身的法则。

类似的有趣理论还有詹姆斯·哈特尔和斯蒂芬·霍金提出的无边界条件。该理论对初始状态有着不同的规定，这些不同将产生完全不同的结论。亚历克斯·维兰金提出的理论见图 6-7。我们也可以想象在另一种意义上看起来顺理成章的宇宙初始状态，即一个完全随机的状态。

罗杰·彭罗斯也提出了一种理论。

有一种可以测量宇宙引力场的无序程度的方法，那就是一种符合热力学第二定律的普遍"引力熵"。事实上这样的熵很有可能存在。霍金已经证明黑洞的引力场具有热力学性质，但黑洞没有像当前的可见宇宙一样随着时间的流逝而膨胀，我们也尚不知晓到底是什么决定了膨胀宇宙的引力熵。

对于黑洞的引力熵问题来说，答案很简单：黑洞边界的表面积决定了它的引力熵。彭罗斯和其他人提出，对宇宙的规律性及其面积的某种测量可以得出它的引力熵。如果膨胀速率在每个方向以及每个地方的大小都一样，引力熵就会很小。如果膨胀速率在不同地方以及不同方向上都是混乱不同的，引力熵就会变得很大。

无论引力熵的确切指标是什么，我们可以确定，如果它随着时间的推移而增加，那么在宇宙的初始状态，引力熵的值应该是非常低的，甚至为零。如果我们能准确地判定引力熵由宇宙的哪方面性质决定，就能推断出它在宇宙诞生阶段保持极低数值所带来的影响。到目前为止，我们还没有能力做到这一点。

所有关于宇宙起源的理论都无法解决宇宙学的终极问

题。这些理论都是高度投机、基于某些观点之上的想法。然而，任何试图从理论上解释当前可见宇宙结构的尝试，都附带着一个重要条件。

回想一下，我们已经将宇宙这个整体与其有限的部分区分开来。自宇宙诞生以来，光传播到地球的距离，就是我们所说的可见宇宙。可见宇宙的大小是有限的。当我们说想解释宇宙的结构时，实际表达的意思是想解释宇宙可见部分的结构。然而，宇宙的范围可能是有限的，也可能是无限的，我们永远不会知道。如果它拥有无限的范围，那么可见宇宙只是整个宇宙中一个无穷小的部分。

可见宇宙是从宇宙初始状态的一个点开始，以光速膨胀而来的。宇宙中所有得到观测的部分均由那个点的初始条件决定，而不是由整个初始状态的平均条件决定，而整个初始状态本身又由控制初始条件的一些"法则"决定。

这些局限性又对决定宇宙初始状态的终极法则的效用提出了疑问。在我们设想的宇宙膨胀图景中，可见部分从初始状态的某个点或者某个极小区域开始膨胀，如图 8-2 所示。

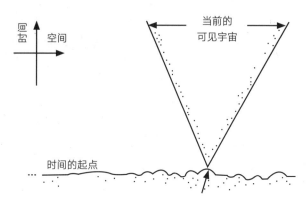

图 8-2　可见宇宙始于某个点

　　一方面，当前可见宇宙的结构由初始状态中的某个微小区域扩展而来。另一方面，我们所说的宏大原理（grand principle）对整个宇宙的初始状态进行了笼统的解释。这个解释也许是正确的，但它并非是我们理解可见宇宙所需要的。我们需要知道的是，在最初形成可见宇宙的微小区域中，存在怎样的局部特定状态。这一区域可能在某种程度上并不具备典型性，因为它最终扩张成了一个能够进化出智慧生命的宇宙。

　　我们已经看到，智慧生命的进化要求所在的区域拥有许多非同寻常的特性。宇宙可能是在最小引力熵的状态下诞生的，但这还不大可能用于解释当前可见宇宙的结构，因为可见宇宙很可能产生于异常波动的膨胀，而非最小熵条件下规定的平均状态。除此之外，我们对宇宙的经验知识局限于可见区域，这意味着我们永远无法对宇宙的整个初始状态进行验证，因为我们只能看到初始状态内一小部分区域的演化结果。也许有一天，我们能够揭示可见宇宙邻居的起源，但永远无法得知整个宇宙的起源。宇宙最深的秘密将永远埋藏在宇宙的最深处。

未来，属于终身学习者

我这辈子遇到的聪明人（来自各行各业的聪明人）没有不每天阅读的——没有，一个都没有。巴菲特读书之多，我读书之多，可能会让你感到吃惊。孩子们都笑话我。他们觉得我是一本长了两条腿的书。

——查理·芒格

互联网改变了信息连接的方式；指数型技术在迅速颠覆着现有的商业世界；人工智能已经开始抢占人类的工作岗位……

未来，到底需要什么样的人才？

改变命运唯一的策略是你要变成终身学习者。未来世界将不再需要单一的技能型人才，而是需要具备完善的知识结构、极强逻辑思考力和高感知力的复合型人才。优秀的人往往通过阅读建立足够强大的抽象思维能力，获得异于众人的思考和整合能力。未来，将属于终身学习者！而阅读必定和终身学习形影不离。

很多人读书，追求的是干货，寻求的是立刻行之有效的解决方案。其实这是一种留在舒适区的阅读方法。在这个充满不确定性的年代，答案不会简单地出现在书里，因为生活根本就没有标准切的答案，你也不能期望过去的经验能解决未来的问题。

湛庐阅读App：与最聪明的人共同进化

有人常常把成本支出的焦点放在书价上，把读完一本书当作阅读的终结。其实不然。

时间是读者付出的最大阅读成本
怎么读是读者面临的最大阅读障碍
"读书破万卷"不仅仅在"万"，更重要的是在"破"！

现在，我们构建了全新的"湛庐阅读"App。它将成为你"破万卷"的新居所。在这里：

- 不用考虑读什么，你可以便捷找到纸书、有声书和各种声音产品；
- 你可以学会怎么读，你将发现集泛读、通读、精读于一体的阅读解决方案；
- 你会与作者、译者、专家、推荐人和阅读教练相遇，他们是优质思想的发源地；
- 你会与优秀的读者和终身学习者为伍，他们对阅读和学习有着持久的热情和源源不绝的内驱力。

从单一到复合，从知道到精通，从理解到创造，湛庐希望建立一个"与最聪明的人共同进化"的社区，成为人类先进思想交汇的聚集地，与你共同迎接未来。

与此同时，我们希望能够重新定义你的学习场景，让你随时随地收获有内容、有价值的思想，通过阅读实现终身学习。这是我们的使命和价值。

湛庐阅读App玩转指南

湛庐阅读App结构图:

12+图书订阅服务
纸质书
有声书
电子书

读什么

湛庐阅读App

怎么读

泛读:一书一课
通读:通识课
精读:精读班

优秀的读者和终身学习者

与谁共读

跟谁读

作者、译者、专家、推荐人和阅读教练

三步玩转湛庐阅读App:

读一读 ▾

湛庐纸书一站买,
全年好书打包订

书城

听一听 ▾

泛读、通读、精读,
选取适合你的阅读方式

扫一扫 ▾

买书、听书、讲书、
拆书服务,一键获取

扫一扫

App获取方式:
安卓用户前往各大应用市场、苹果用户前往App Store
直接下载"湛庐阅读"App,与最聪明的人共同进化!

使用App扫一扫功能，
遇见书里书外更大的世界!

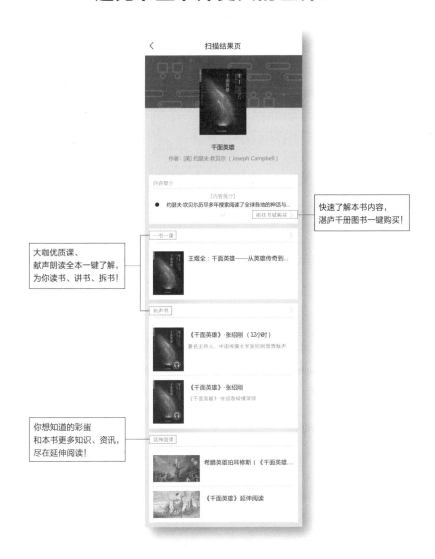

快速了解本书内容，
湛庐千册图书一键购买!

大咖优质课、
献声朗读全本一键了解，
为你读书、讲书、拆书!

你想知道的彩蛋
和本书更多知识、资讯，
尽在延伸阅读!

延伸阅读

《基因之河》

◎ 关于基因，没有人能比理查德·道金斯写得更好！《基因之河》是继《自私的基因》之后，理查德·道金斯的又一经典名作！生命的"复制炸弹"——基因从何而来？它又将走向何方？阅读本书，我们将通过一位热情、睿智、理性的科学家的视角直面基因的亘古谜题，获得对于生命的全新看法！

《人类的起源》

◎ 理查德·利基以直立人骨架"图尔卡纳男孩"这一20世纪古人类学最重要的发现为起点，清晰明了地勾画了人类进化的四大阶段：700万年前人科的起源；两足行走的猿类的"适应性辐射"；250万年前人属的起源；现代人的起源。除此之外，《人类的起源》还将带领我们利用有限的证据，提出种种出人意料的假说，推断人类的艺术、语言和心智起源之谜。

《如果，哥白尼错了》

◎ 著名天体生物学家凯莱布·沙夫重磅新作！作者用诗一般的语言和奇特的想象，带领我们进行一场科学探险，寻找人类在宇宙中的未来和意义。

◎《星期日泰晤士报》年度最佳科学图书，《出版商周刊》年度十大科学图书，爱德华·威尔逊科学写作奖获奖图书。

《人类为什么要探索太空》

◎《纽约时报》《华尔街日报》《自然》重磅力荐。天体物理学家、畅销书《给忙碌者的天体物理学》作者尼尔·德格拉斯·泰森，科学记者、畅销书《50亿年的孤寂》作者李·比林斯，英国著名科普作家、萨塞克斯大学天文学访问学者约翰·格里宾，科幻作家、美国国家航天协会本·波瓦一致强荐！